软件密集型装备
软硬件故障理论及分析

慕晓冬　易昭湘　赵　鹏　张　力　著

西安电子科技大学出版社

内 容 简 介

本书系统地介绍了软件密集型装备故障诊断的基本概念和理论，全面阐述了软件密集型装备的故障分析、故障检测技术。全书共分为三个部分，第一部分从软件密集型装备维修和保障技术、故障诊断技术现状、软硬件故障分析方法等方面介绍了软件密集型装备故障分析的基本概念；第二部分从故障机理分析、故障划分等方面介绍了软件密集型装备的故障分析方法；第三部分从故障检测、故障双向分析等方面介绍了软件密集型装备软硬件故障的检测方法。

本书可作为高等院校可靠性工程、故障诊断专业的研究生教材，也可作为从事故障可靠性、维修和保障等领域研究的专家、工程技术人员和管理人员的参考资料。

图书在版编目(CIP)数据

软件密集型装备软硬件故障理论及分析/慕晓冬等著.
—西安：西安电子科技大学出版社，2015.6

ISBN 978-7-5606-3746-4

Ⅰ.①软… Ⅱ.①慕… Ⅲ.①武器装备—故障检测 Ⅳ.①E92

中国版本图书馆CIP数据核字(2015)第128872号

策　　划　戚文艳
责任编辑　戚文艳
出版发行　西安电子科技大学出版社(西安市太白南路2号)
电　　话　(029)88242885　88201467　　邮　编　710071
网　　址　www.xduph.com　　电子邮箱　xdupfxb001@163.com
经　　销　新华书店
印刷单位　陕西华沐印刷科技有限责任公司
版　　次　2015年6月第1版　2015年6月第1次印刷
开　　本　787毫米×1092毫米　1/16　印张 7.5
字　　数　128千字
印　　数　1～1000册
定　　价　18.00元

ISBN 978-7-5606-3746-4/E

XDUP 4038001-1

如有印装问题可调换

前　　言

新军事变革与军队信息化建设步伐的加快，使得软件密集型装备不断取代传统武器装备，成为现代战争中的决定性力量。软件密集型装备是软件与硬件紧密结合而成的复杂系统，软件和硬件相互作用引发的故障模式给分析和诊断带来了巨大的挑战，严重制约了软件密集型装备维修和保障能力的提升。

本书以软件密集型装备的故障诊断需求为牵引，以现有的故障诊断理论和方法为指导，在分析软件密集型装备故障特点的基础上，系统而深入地阐述了软件密集型装备的故障分析理论和方法。全书按照"基本概念—故障分析技术—故障检测技术"的总体思路划分为三个部分。基本概念部分介绍了软件密集型装备的基本概念及发展概况、故障分类及故障诊断技术发展现状、软件密集型装备的故障特点及分析框架；故障分析技术部分介绍了基于Petri网的故障机理分析技术、基于形式化方法的软件密集型装备故障划分技术；故障检测技术部分介绍了基于BDA的软件密集型装备故障双向分析技术和基于阴性选择算法的软件密集型装备故障检测技术。

本书基础理论和专业技术并重，又兼顾理论方法和实际案例的融合，为软件密集型装备相关的研究提供了理论基础，也为装备可靠性分析和维修提供了详实的参考，对软件密集型装备维修和保障实践具有实用价值。本书介绍的软件密集型装备软硬件故障诊断理论和方法内容均属于该领域最新的研究方向，相关理论和技术完备，可为从事可靠性研究的专家学者提供借鉴。

帅桂华、常瑞花、宋恒军、张海静、钮小琳、张清辉、宋崴、柯冰、许夙辉、王晓日参与了本书部分编写工作，方林波、黄百刚两位老师对本书进行了认真审校，在此谨表感谢。

限于作者水平，不足之处难免，恳请读者批评指正！

作　者

2015年4月11日

目　　录

第1章　软件密集型装备

新军事变革与信息化建设步伐的加快，给武器装备的建设与发展带来了深刻的影响。计算机技术广泛应用到了武器系统和自动化信息系统中，高科技含量不断提升，各种软件密集型装备不断涌现，并逐渐取代传统武器装备，成为现代战争的“撒手锏”武器和决定战争胜负的重要关键力量。在这些武器系统中，软件规模越来越大，实现的功能越来越复杂。该类装备对现代军事斗争起着越来越重要的作用，改变了战争的形式与进程，并已成为世界各军事强国争相发展的重点。

软件作为纯逻辑产品，其质量控制难以达到硬件的水平，其可靠性往往比硬件低一个数量级。因此，软件缺陷、软件失效难以避免，软件、硬件故障难以分离等，造成软件密集型装备维护保障非常困难。软件保障不同于硬件维修，单纯更换部件不能解决问题，故障代码需要重新设计或修改。例如：海湾战争中，美军软件保障机构在收到战场信息情报后，快速修改软件实现新的任务，为海湾作战提供了有效的战时软件保障。

可以说，众多软件密集型装备在未来战场能力上的发挥很大程度依赖于有效地维护保障这些装备的能力，其中软件维护保障能力是重点和难点，因为软件维护保障对于使装备长期保持良好的性能作用突出，并且装备部署后的软件维护保障对于装备战斗力的再生能力起着关键作用。

因此，研究软件密集型装备故障分析技术和诊断技术十分必要，对提高新型武器装备的战斗力，具有重要军事意义。在深入分析软件密集型装备故障特点和机理的基础上，研究软件密集型装备的故障特征提取与诊断方法、软硬件故障检测与定位技术等，对提高新型武器装备的可靠性与安全性，增强软件密集型装备的维护和保障能力具有非常重要的军事意义。

1.1　软件密集型装备的基本概念

1.1.1　定义及内涵

软件密集型装备的概念来源于国外的“软件密集系统”(Software Intensive Systems)，“软件密集系统”最早于20世纪60年代提出，2005年TNO/IDATE的报告《未来的软件密集系统》中给出较为清晰的定义：“软件密集系统是软件在系统功能、研制费用、研制风险及研制时间等方面占主导地位的系统”。

马丁·沃森在2006年的报告《软件密集系统》中指出：软件与其他软件、系统、设备、传感器以及人相互作用的系统叫做软件密集系统。他认为，这类系统都有一个共同点，即依赖于控制单个配件和配件间相互作用的软件，以及同其他软件、系统、设备、传感器和人相互作用的软件。

国内最早由甘茂治教授等装备维修保障领域专家给出软件密集系统的定义：软件密集系统也可称为软件密集型装备，是指“装备系统中软件在系统研制费用、研制风险、研制时间或系统功能特性等的一个或多个方面占主导地位的系统。”各种现代飞机、舰艇、导弹、火炮、航天装备、C^4ISR 等武器系统和信息系统，特别是那些计算机控制的飞控系统、火控系统、指控系统等都是典型的软件密集型装备。

另外，国内宋华文等专家给出了一个具有更大包含度的软件密集型装备的定义：软件密集型装备是伴随着世界新军事变革应运而生的，它是一种以信息技术为关键技术的武器装备系统，软件在该装备系统的功能特性、研制费用、研制风险及研制时间等一个或多个方面占据主导地位。也就是说，软件密集型装备是属于信息化武器装备范畴的，而软件是软件密集型装备的核心，软件的质量和状况是软件密集型装备能否完成其规定功能、执行作战与保障任务的重要因素。

软件密集型装备是指武器系统中的软件对装备研制发展、任务完成起主要作用的一类武器装备，或者是软件在系统开发、运行或演化中起着关键作用的系统，常见的有现代飞机、舰船、战略战术导弹、航天装备与 C^4ISR 等系统。

1.1.2 分类与特点

当前，对于软件密集型装备，很难给出一个统一的、全面的、科学的分类。一般来说可以按照软件存在的形式进行划分，将其分为嵌入式软件密集型装备和非嵌入式(独立式)软件密集型装备。

软件密集型装备最大的特点就是软件与硬件紧密结合，软件在该装备系统中占主导地位，这种装备广泛应用于作战训练、指挥控制、通信侦查、后勤保障等军事机构，因此它的可靠性、维修性、保密性和安全性要求较高。根据当前软件密集型装备的应用情况，可以总结出如下特点：

(1) 便于功能扩展和升级。因为软件是软件密集型装备的核心，设计者在软件密集型装备设计论证阶段就可以为后期的功能扩展和系统升级留有余地，随着新技术和方法的不断应用，软件密集型装备的功能也会越来越强大，适用性也同时增强。

(2) 自身保密性好。软件密集型装备的硬件部分要在软件及系统的正常工作条件下才能实现其功能，而软件控制是不透明的，如果对装备的软件不了解，就不能了解装备的各项作战性能，甚至无法使用装备。软件密集型装备自身的保密性极高，可以为联合使用的其他装备提供更好的保密性。

(3) 可用于网络指挥。由于软件密集型装备主要通过软件来控制装备的使用，因而可以用网络远程指挥控制来替代战场指挥，这不仅可以减少人员伤亡，更体现了信息化手段在高技术战争中的应用。

软件密集型装备的特点对其保障提出了更高的要求，不仅要提高保障人员的素质，更要在保障技术和方法上有所创新，因此必须立足综合保障，研究并建立保障系统。

1.2 软件密集型装备的发展概况

随着新军事变革的深入与战争形势的变化，软件密集型装备是本世纪世界各国争相发展的重点。其发展方向主要表现在以下几个方面。

1. 一体化 C^4ISR 武器系统

数字化部队战斗力的关键就是把三军各类武器装备的软件、硬件有机地融合起来，发挥整体优势。一体化 C^4ISR 系统不是起连接作用的电子信息系统，是"网络"的"网络"。

2. 智能化的武器装备

1）无人机

未来军用无人机包括无人侦察机、无人作战飞机、反辐射无人机、微型无人机。现在服役的美军"全球鹰"高空长航时无人侦察机是当今世界技术水平最高的无人侦察机，号称"空中蛇眼"。它的最大特点是航程远，活动半径大，具备全球远程侦察监视能力，而且实时成像，分辨率高，覆盖区域大。机上的合成孔径雷达进行广域搜索时，可监视 13.74 平方公里的范围，同时其分辨率可达 0.9 米；其光电摄像机的图像分辨率接近照相底片的水平，其红外成像仪可发现伪装的目标，并能区分静止目标和移动目标。

除了无人侦察机，美国还设想研制无人作战飞机，具体方案很多，有"联合攻击战斗机"式无人战斗机、隐身无人作战飞机及垂直起降无人战斗机等，部分已经服役。

此外，随着纳米技术和微机电系统的迅速发展，无人机家族还将出现微型机这个小兄弟。目前，尺寸在 15 厘米内的无人机已无技术障碍，将来还可能出现仅有昆虫般大小的无人机，它可直接飞入敏感建筑物办公室内收集情报，必要时还可进行攻击。

2）军用机器人

目前，军用机器人按用途可分为战场突击机器人、战场侦察机器人、战场三防机器人。美国圣迭戈机器人研究中心曾采用 3 种组件构成一辆由机器人驾驶的发射车辆平台，演示发射激光制导"海尔法"反坦克导弹和"铜斑蛇"炮弹，结果非常成功，4 发炮弹、8 枚导弹全部命中目标。战场侦察机器人一般装有用于侦察、监视和目标搜索的摄像机，可昼夜工作，在侦察以外，有的还能用激光为制导武器指示目标。美国能源部桑迪亚实验室研制的一种微型机器人，专门用于探测敌人核、生、化战剂。这种微型机器人只有几毫米大小，使用时从投放于建筑物附近的母机中施放，再从建筑物的缝隙中潜入，然后对建筑物的空气进行取样分析。

3. 21 世纪士兵系统

为提高士兵的 C^4I 能力、机动能力、生存能力和杀伤力，适应未来网络化战场，各国都在发展 21 世纪士兵系统。美国为此制定了"21 世纪地面勇士"规划，英国推出了"未来野战军人系统"，俄罗斯正在实施"巴尔米察实验设计工程"，概括来说，这些系统大都可分为 4 个分系统。

1）计算机/无线电台分系统

计算机/无线电台系统含一部或多部无线电台、一台计算机和一台 GPS(Global Position System)接收机。无线电台可在各种地形条件下传送语音、数据、静态图像或热成像，而且采用先进的抗干扰和通信保密技术，能降低被侦听的概率。其计算机从士兵系统的传感器获取静态图像或热成像，经压缩后通过无线电台发送出去。计算机还可以显示地图和透明图及联合战术和技术参考资料。此外，还有一些接口部件，如个人状态监控器、战斗识别分系统、化学检测分系统、地雷探测分系统等。

2）综合头戴分系统

综合头戴分系统配一个防弹头盔，头戴式单色传感器/显示分系统，图像增亮器及供通话用的话筒、耳机。

3）武器分系统

武器分系统包含模块式武器系统、几种瞄准具、激光测距仪。士兵可直接在瞄准具上观看图像，图像可显示在头戴显示器上，也可通过无线电传输。班长还可利用单兵的GPS、激光测具仪等装备为飞机、火炮提供数字化目标信息。

4）通用硬件与软件

通用硬件与软件可减少战术计算机系统的数量，为部队提供一个易保养、适应性强的系统。目前可用于部队的商用软件包括：可实时扩充的UNIX操作系统、关系数据库管理系统、图形支援软件和其他软件系统。通用硬件和软件采用模块式结构，可使系统随需求增加而不断升级，而且便于建立和保养。

近年来，武器装备有了很大的发展，许多软件密集型高技术武器装备投入使用，已经成为现代国防威慑力量的重要组成部分。这些系统的主体就是计算机、网络和软件。

1.3 软件密集型装备的维修和保障技术

1.3.1 软件密集型装备的保障系统

1. 装备保障系统基本要素

装备保障系统涉及的方面很多，它的构建基础是多专业学科的综合，它由多种保障要素构成，每一要素都需要配备一批熟悉该专业的工程技术人员参与相应的工作。由于装备的复杂程度、类型和承制方工作机构的组成不同，并非每个要素都需要单独设立一个工作机构。现将装备保障系统的基本要素分述如下：

1）维修规划

维修规划是指在装备寿命周期中研究和制定维修保障方案以及规划具体实施这种方案的各种活动。几乎每一个装备系统的保障要素都与维修规划有关，它们都需要维修规划提供信息，因此维修规划活动中的各种变化都必须及时提供给有关专业人员，以便在各专业活动中做出相应的变更。

2）人员数量与技术等级

这项工作主要确定装备使用和维修所需人员的数量与技能要求，以及这些人员的考核与录用情况。

3）供应保障

供应保障是确定装备使用和维修所需消耗品与备件的数量和品种，并研究它们的筹措、分配和供应、储运以及装备停产后的备件供应等问题。

4）保障设备

保障设备是指规划装备使用和维修所需的各种设备而进行的工作。

5）技术资料

技术资料是指为装备使用和维修人员编制所需要的，以手册、规范、指南和图纸等形式记录的技术信息。

6）训练和训练保障

训练和训练保障是指为装备使用和维修人员制定所需的训练计划、课程设置、训练方法、教材与训练设备以及筹划教员和选调学员的工作。

7）计算机资源保障

计算机资源保障是指为保障装备上嵌入式计算机系统的使用与维修提供所需的硬件、软件、检测仪器保障工具、文档等方面的工作。

8）保障设施

保障设施是指装备使用、维修、训练和储存所需的永久和半永久性的构筑物及其上的有关设备。

9）包装、装卸、储存和运输

这类要素是指为保证装备得到完善的封存、包装、装卸、搬运和运输所需的资源、程序、设计考虑与方法等而进行的工作。

10）设计接口

装备保障系统的设计接口是很复杂的，它涉及很多专业的技术和相互管理问题。

需要指出的是，装备保障系统的基本要素不只限于上面所列的各项，根据装备需要，基本要素可以增减，即可根据工程管理的特点对装备保障系统的基本要素作符合需求的划分。

软件密集型装备的维护模型如图 1.1 所示。

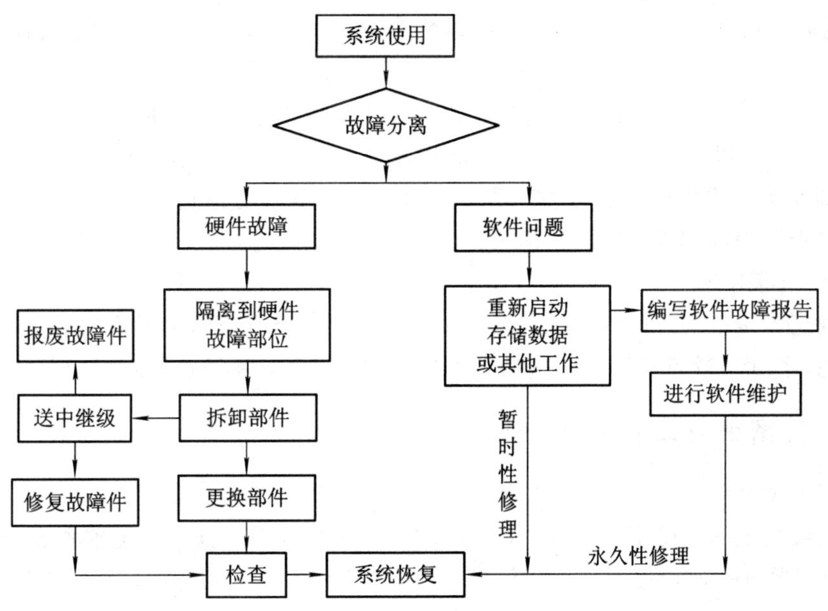

图 1.1　软件密集型装备的维护模型

2. 软件密集型装备保障的特点

软件密集型装备作为一种伴随着计算机技术和信息技术的发展而出现的新兴的现代化信息装备，装备中的软件在装备研制费用、研制风险、研制时间或装备功能特性等一个或更多方面占主导地位。因此，在软件密集型装备中，除了通用装备所共有的保障要求以外，还必须针对装备中的软件开展适时的维护保障。因此，从某种程度上说，软件的维护保障是软件密集型装备维护保障中的核心问题。

装备的综合保障(Integrated Logistic Support，ILS)是整个装备系统发展的一部分，保障性分析(Logistics Support Analysis，LSA)是装备 ILS 的分析工具。而对于软件密集型装备，LSA 不但针对硬件，还应在软件中应用。软件保障受综合的装备设计和软件开发过程的影响，综合的装备设计决定了软件功能、性能和软件运行的约束。软件开发过程影响软件开发后残存的故障数量和软件可以被修改的难易程度，在详细的任务层上，软件有不同的技术和需考虑的问题。

另外，由于软件本身的特殊性，软件保障必须考虑软件的寿命周期阶段，按不同阶段实施保障。实践表明，软件保障费用和保障方的能力发挥与软件保障方在软件交付前的介入程度密切相关。按照软件交付为标识，划分软件保障的阶段，可以将软件保障阶段划分为移交前软件保障、软件移交和移交后软件保障三个阶段。

3. 软件密集型装备保障系统基本组成

结合软件密集型装备保障特点，可以将软件密集型装备保障系统进行分解，研究软件密集型装备保障系统的基本组成要素。由于软件密集型装备的复杂程度和技术含量都远远高于一般状态，因此，软件密集型装备保障系统的组成可以大致分为以下几个方面：

1）维护规划

维护规划是对交付的系统做出人力和物资方面的资源规划，以保证日后的软件维护工作。它涉及软件维护的范围、交付后过程的裁剪、全寿命费用的预计等方面内容。

2）供应保障

软件的供应保障包括：软件综合保障输入，计算机资源选择和标准化过程，陆军组织结构、规则和标准以及过程度量；软件确认和标识、软件复制设备标准；定义当前过程、研究和平时期及突发事件时期的分发过程以及确定一个软件更改包的组件；定义安装过程、联合部署过程和协同部署过程以及确定各种训练方法。

3）软件保障资源

一旦确定了维护的范围以及执行维护保障的机构，就应该确定所需的人员、维护环境和经费资源。因此，软件保障资源包括人力资源、环境资源和经费资源三个方面。

1.3.2 软件密集型装备的保障技术

软件密集型装备是高新技术装备的主体。软件密集型装备到单位后，不仅与传统装备一样需要提供传统的保障工作，而且其中的软件作为特殊组成部分甚至单独成为一种装备形态，同样需要开展使用保障与维护保障工作，该工作不仅需要完成拷贝、分发、安装、培训等使用保障工作，还需要对软件存在的缺陷进行纠正性维护，对使用中环境的变化进行适应性维护，为满足新的需求进行完善性维护。因此，软件密集型装备将面临着繁重的软件保障任务。

1. 软件保障模型

根据系统理论观点，任何一个事物都可视作一个系统，因此软件保障也可作为系统进行研究。同时，模型是对系统的一种抽象，从某个视点、在某种抽象层次上详细说明被建模的系统。由于软件保障不仅是技术问题，更是管理方面的问题，牵涉的要素繁多，同时对它的方方面面开展研究是不可能的，也是不经济的，必须运用科学的手段，抽象出事物的关键要素，建立恰当的模型，为开展研究提供便利。一个好的模型应包括那些有广泛影响的主要元素，而忽略那些与给定的抽象水平不相关的次要元素，从而利于对复杂问题的研究。模型既可以包括详细的计划，也可以包括从高层次考虑的系统总体计划。模型可以是结构性的，强调系统的组织；也可以是行为性的，强调系统的动态方面。国外实践经验表明，成功的软件保障机构必定有反映其保障过程的保障模型。由于对软件保障的研究才刚刚开始，目前为止尚无一个实用的软件保障模型，因此研究实用的软件保障模型是非常有必要的。

一般认为："武器装备管理，一是泛指从武器装备的论证研制一直到退役报废的一系列管理工作过程。二是专指武器装备从军队接收到退役报废的一系列管理工作过程。"前者属广义的装备保障范畴，涵盖了武器装备寿命周期的全过程；后者属狭义的装备保障范畴，特指装备寿命周期的后半程。与此相对应，软件密集型装备中的软件保障，可分为宏观软件保障模型和微观软件保障模型。

宏观软件保障模型主要研究在广义装备保障中如何管理软件保障来提高装备整体效能、减少装备寿命周期费用。软件保障受到装备保障的约束，并且和装备综合保障密切相关。宏观软件保障模型和传统的软件维护模型不同，主要在于传统的软件维护模型通常把软件维护仅仅看成是软件交付后的活动，很少考虑交付前的活动，从而造成软件难于维护、维护费用惊人。宏观软件保障模型是对传统软件维护模型的扩展与演化，并着重解决软件全寿命周期的保障管理问题。宏观软件保障模型重点克服软件维护模型的局限性，完善面向过程的软件维护模型，主要解决"谁干、干什么、何时干、怎么干、为什么要这么干"(who，what，when，how，why)的问题，该模型对于共享知识和经验十分有用，并且鼓励对过程的改进，不断提高过程的能力成熟度。

微观软件保障模型主要研究软件保障机构在软件部署后如何快速高效地实施软件保障来提高软件后天质量，它和传统的软件维护内涵基本一致。微观软件保障模型就是供软件保障机构作为技术参考的过程模型，着重于解决软件保障中的技术难点，使保障人员接到软件更改请求后可以按照规范、有效的程序达到软件保障最根本的目的：① 更正软件中的错误；② 使软件适应新的环境；③ 保证系统完整性的同时扩充软件功能。

可以从静态和动态两个视角来抽象软件保障过程，构建实用的软件保障模型，从而达到简化研究、深入分析软件保障过程的目的，并建立可行的软件保障系统，提高保障效益，为减少软件保障费用奠定理论基础。

2. 软件维护规划

软件维护规划主要是对所交付的软件系统做出有关人、财、物和过程方面的规划，其制定过程需建立在对当前软件项目和文档进行详细分析和对软件产品完整理解的基础之上。在软件开发过程的早期，由于项目和文档信息可能不完整甚至相互矛盾，所以，相关问题应尽早发现，以在准备计划之前得以解决。

软件维护方在制订维护规划时，应在软件交付前积极地影响软件产品的采购部门和使用部门，参与制定有关软件维护保障的重要决策，从而保证系统将来可在适当的费效比下进行保障维护。维护计划应尽早制定，可在软件开发的早期与制订开发计划同步进行。其具体工作可包含以下三个方面。

1）制定软件维护方案

软件维护方案是为保障一个给定软件系统，对完成指定维护范围内软件维护任务的概括描述。维护方案应在开发过程的早期由维护方辅助用户方制定，其涉及的内容包括：

(1) 软件维护范围的确定。软件维护范围准确规定了软件维护方应对用户方提供多少支持(广度)和多大程度的支持(深度)。

(2) 软件维护过程的裁剪。软件维护过程包括了软件产品生命周期中的供应、开发、使用、培训、维护等活动和任务。在软件维护方案中，除了明确软件维护的范围，还必须规定软件交付使用后具体的维护过程和维护活动。因此，维护方案必须反映用户的意愿。维护过程的确定应在开发阶段的早期进行，但是许多规定会在软件交付后发生改变，因此，随着系统开发的深入，维护过程将会不断调整和修改。

(3) 软件维护组织的指定。维护方案中应规定每项具体维护活动的执行者。一个软件产品，尤其是大型软件产品，其不同的维护活动可由不同的机构来执行。用来评价候选维护组织的因素有很多，其中包括维护费用、场所和维护组织的专业资格等，相应的评估方法也有很多，例如专家判断法、决策树、层次分析法等。

(4) 维护费用的预计。软件维护费用是维护方案所要规定的一项重要内容，对其准确估算具有一定难度。完整的软件维护费用估算需要经过若干环节，涉及的问题多，层次复杂。常用的方法包括类比、分解法和参数模型法，随着预测技术的发展，也有一些新的预测技术(如神经网络方法)，也发挥了很好的效果。

2）制定软件维护计划

在维护方案基础上，应及时制定出较为详细的维护计划。维护计划就是为达到、恢复或保持软件系统功能所要完成的要求与任务描述。维护计划应在软件的开发阶段制定，虽然那时会缺少部分数据，但计划应尽量包含详细的数据。同维护方案类似，维护计划也将随着系统的进展而不断更新，对于大型和跨多个年度的软件项目应每年更新一次。对于用户方和开发方之间的合同工作，应尽量详细，以保证双方对维护等级的共识。一个典型的维护计划应包括：

(1) 软件维护的目的；

(2) 软件维护的组织；

(3) 软件维护各方的角色与职责；

(4) 软件维护方队伍的规模；

(5) 软件维护的过程；

(6) 软件维护的资源；

(7) 软件的维护性设计。

维护计划既包含了维护方案的主要内容，同时它又提及了资源需求，规定了维护的地点与时机。它的另外一个组成部分是制定了软件的维护性要求。

3）分析软件维护资源

确定了软件维护的范围以及执行组织后，在维护规划中还需进一步确定完成维护工作所需的人力资源、维护环境和经费资源。

人力资源规划是软件维护资源需求规划中的要点之一，也是最难准确预计的要素。人力资源规划，主要基于工作量和进度预估。一般来讲，工作量与项目总时间的比值就是理论上所需的人力数。但选取和分配人力有许多值得研究的问题。许多学者从软件工程的角度提出了一些思路，比如“人员—进度权衡定律”，软件维护可以此为参照，从维护项目管理的角度来分析人力资源的平衡情况，具体可参照 Rayleigh-Norden 曲线。另外，还有一些技术和方法可用于软件维护人员规划，比如：参数估算法、系统动力学模型等。

软件开发和维护是一项特殊活动，需要有专门的环境系统辅助。软件工程环境是为保障软件过程的所有阶段而设计的。每一个环境都有一个工具集支持软件工程师。维护环境中的主要工具包括：提供源代码控制和软件仓库功能的自动化软件配置管理工具；问题报告和请求跟踪数据库。如果过程将要改进，必须有一个数据库以自动跟踪维护机构的工作、回归测试工具、审核工具、性能监测工具和代码分析工具。

维护规划中必须明确维护所需的足够资金预算，该预算应在制定计划的早期申请并获批准。如果待到系统开发过半才着手制定维护预算，就会面临诸多问题。因为一旦项目开始，再想获得所需资源就会困难。软件维护经费资源的消耗途径有很多，主要包括维护人员的工资、培训费、商业化软件产品每年许可的维护费用、工程和测试环境所需的硬件和软件费用及相应的升级费用。

3. 软件保障机构

软件保障机构是软件保障的主要领导和实施机构，它负责计划、协调和控制软件保障的系列活动。尽管软件保障费用在 LCC(Life Cycle Costs)中占有 70%左右的比例，国际上却对于谁作为保障主体来实施软件保障并不统一。软件保障既可以由软件开发单位来实施，也可以由独立的保障单位来实施。理论上由于开发人员非常了解系统，软件开发单位将更容易有效地实施软件保障，同时还省去了软件移交的麻烦，省时省力。但在现实当中，一方面由于软件保障对于开发人员缺乏吸引力，大部分开发部门不愿进行保障；另一方面存在着资金来源渠道等诸多问题。最终，开发单位实施软件保障的模式导致的问题更多。美军 20 多年的实践经验也证实了建立独立的软件保障机构实施软件保障，便于建立规范的过程，保障更有效。因此，大型组织(如军队、政府部门、大公司等)都需要建立自己独立的软件保障机构。

但是，由于目前尚未建立专门的软件保障，严重影响了对软件密集型装备中的软件进行保障的能力。亟需研究如何构建软件保障机构并完善其工作程序的一系列问题，包括软件保障机构的职责、职能、组织结构、人力资源如何分配等。通过对软件保障机构的研究，将为完善、高效的软件保障机构的建立奠定理论基础，从而达到提高软件保障能力的目的。

4. 软件供应保障

软件供应保障是指：在装备部署后由于各种原因(如软件本身缺陷、使用环境改变、任务要求改变等)更改或升级后的软件需要迅速地送到战场，并使系统很快恢复，或提高作战能力所进行的软件供应与再供应工作。硬件的供应保障研究已经进行了很长的时间，并且也已经有许多成果应用于装备保障中，形成了比较成熟的保障系统。但是，由于软件的特殊性，软件供应保障与硬件供应保障有很大的区别，这就需要研究一套适用于软件的供应保障方法，建立相应的组织、制度，开发配套管理方法及技术，进而构建完整的软件供应保障系统。具体来说，软件供应保障主要研究内容包括以下两个方面。

1）软件供应保障管理研究

研究软件供应保障的运行机制，构建软件供应保障组织机构，合理确定供应保障人员并分配职责，建立相应的供应保障管理规章制度。

2）软件供应保障技术研究

研究软件供应保障所必需的支撑技术(包括复制、分发、安装及训练等)可以使软件在升级或更改后能够迅速地部署，并且用户能够尽快了解和适应这些变化，以保障任务的完成。

软件供应保障对于武器系统保持良好的作战性能及战场再生能力有重要意义。软件作为逻辑产品本身可能存在一些设计缺陷，战场环境、硬件的更改可能对软件产生影响，一些在使用过程中出现的新的需求也影响软件，这就存在着软件的保障问题。软件供应保障作为软件保障工作的一部分，可为战士在正确的时间、正确的地点提供正确的软件。国外经验表明，良好的软件供应保障不仅能够降低软件生命周期费用，而且能够提高任务系统的可持续执行任务能力。

当前，已经装备了一部分软件密集型装备，装备在训练和使用过程中，也出现了许多问题，其中有不少是软件问题，没有相应的软件保障和供应保障组织、制度，软件保障及供应保障就不规范，这种情况不能够适应武器装备现代化建设的要求，更不能够适应未来军事斗争的需要，且随着越来越多的软件密集型装备列装，软件保障和供应保障需求会更大，所以必须有与硬件武器装备相对应的软件保障组织、机构、制度来研究软件供应保障的管理、技术及方法。

5. 软件维护技术

软件维护不仅要考虑软件应用领域和运行环境的复杂性、操作模式的多变性以及编程语言的多样性，还应该针对实际情况，利用相应的技术手段来达到软件维护效能的全面提高。因此，软件维护技术应该包含为达到软件维护目的、遵循软件工程的思想而采取的软件维护方法、技术途径及软件维护工具。

针对不同的维护，应采取不同的维护策略和技术。下面按照软件维护的不同侧重点，分三方面进行阐述。

1）软件维护的方法和技术

软件维护的方法和技术可分为三个级别：方法级、源代码级和目标代码级。

方法级的方法和技术是指在软件开发中以好的方法为指导开发软件，如结构化方法、面向对象方法、原型法、形式化的 VDM 等。

源代码级的方法和技术是指采用结构化语言、面向对象语言、4GL 等编程语言，遵循规范的命名、缩进格式的编程风格，提供完整配套的文档等，这样，软件一旦需要维护，将降低维护活动的难度。

目标代码级的方法和技术是指将用户变化的需求直接加入原软件系统，当进行软件维护时，不修改原系统的源代码，也不需对原系统重新进行编译、连接。

2）软件维护的种类

软件维护分为纠错性维护、适应性维护和完善性维护，根据不同的维护种类，应采取不同的技术。

（1）纠错性维护。

① 使用新技术，提高可靠性，减少进行纠错性维护的需要，包括使用数据库管理系统、软件开发环境、程序自动生成系统等。

② 利用应用软件包。

③ 使用结构化技术。

④ 使用避错性程序设计技术。

（2）适应性维护。

① 配置管理时考虑硬件、操作系统等因素。

② 把与硬件、操作系统及其他外围设备有关的程序归到特定的模块中。

（3）完善性维护。利用前面介绍的方法，建立系统的原型并交付用户，用户通过研究原型进一步完善其功能要求，采用面向对象的软件维护方法对部分对象模块进行扩充和再定义，使整个系统可以重新组合装配。

3）软件维护模型的阶段

按照软件维护模型的阶段，针对软件密集型装备软件，在不同的阶段采取不同的故障诊断方法。

维护模型包括分类与鉴别、分析、设计、实现、系统测试、验收试验和交付等几个阶段，由于其设计、实现、系统测试、验收试验、交付阶段与一般软件开发过程相似，不是软件密集型装备保障系统研究的重点，因此下面着重阐述软件维护模型的前两个阶段。

（1）分类与鉴别阶段。

① 软硬件故障分离技术：故障的发生可能由硬件或软件引起，利用故障树技术将由软件引发的故障隔离出来。

② 基于征兆的重复软件故障诊断技术：建立软件运行的征兆集合，采用相应的匹配策略，对比历史故障数据库中的故障征兆判断重复故障；非重复故障则根据收集的故障征兆重构导致软件故障的环境，结合经验确定故障原因，并将相关信息充实到历史故障数据库中。

（2）分析阶段。

① 程序切片技术：软件使用过程中，若产生故障，则可通过粗诊断系统将故障定位于最有可能存在的功能模块中，经过基于方法依赖图的分析将故障定位于最有可能存在的语句集中。

② 源代码插桩技术：在软件发生故障后，根据嵌入在目标软件中的黑匣子所记录的软件运行信息，利用重复软件故障诊断算法和基于运行序列与运行变量的诊断算法对软件的故障进行定位。

③ 可疑代码分析技术：在源代码中，以故障的可能触发因素作为切入点，利用逐行代码静态扫描的方法初步得到可疑代码信息，并利用二次分析逐步缩小故障可能引发的代码范围。

第2章 故障诊断方法

软件密集型装备的故障诊断建立在现有的故障诊断技术基础上，系统地了解现有的故障及故障诊断方法是研究软件密集型装备故障分析方法的前提。在故障基本概念方面，现有的故障主要指设备、元器件的故障，即硬件故障，有必要将软件故障、软件和硬件相互作用形成的软硬件故障纳入统一的故障范畴。在诊断技术方面，软件故障诊断也形成了许多成熟的技术，可以和硬件故障诊断进行相似的归类和分析。

本章介绍了故障的分类，并引入了软硬件故障的基本概念，在此基础上详细地归纳和分析了现有的故障诊断和软件故障诊断技术。

2.1 故障基本概念

2.1.1 故障及分类

故障是系统不能执行规定功能的状态。通常而言，故障是指系统中部分元器件功能失效而导致整个系统功能恶化的事件。按照不同的角度，可以对故障进行分类，具体的分类方式如下。

1. 按故障的持续时间分类

按故障的持续时间可将故障分为永久故障、瞬时故障和间歇故障。永久故障由元器件的不可逆变化所引发，其永久地改变元器件的原有逻辑，直到采取措施消除故障为止；瞬时故障的持续时间不超过一个指定的值，并且只引起元器件当前参数值的变化，而不会导致不可逆的变化；间歇故障是可重复出现的故障，主要由元件参数的变化、不正确的设计和工艺方面的原因所引发。

2. 按故障的发生和发展进程分类

按故障的发生和发展过程可将故障分为突发性故障和渐发性故障。突发性故障出现前无明显的征兆，很难通过早期试验或测试来预测；渐发性故障是由于元器件老化等其他原因，导致设备性能逐渐下降并最终超出正确值而引发的故障，因此具有一定的规律性，可进行状态监测和故障预防。

3. 按故障发生的原因分类

按故障发生的原因可将故障分为外因故障和内因故障。外因故障是因人为操作不当或环境条件恶化等外部因素造成的故障；内因故障是因设计或生产方面存在的缺陷和隐患而导致的故障。

4. 按故障的部件分类

按故障的部件可将故障分为硬件故障和软件故障。硬件故障是指故障因硬件系统失效而引发，而软件故障则指故障因软件缺陷引发并导致系统失效。

5. 按故障的严重程度分类

按故障的严重程度可将故障分为破坏性故障和非破坏性故障。破坏性故障既是突发性的又是永久性的，故障发生后往往危及设备和人身的安全；而非破坏性的故障一般是渐发性的又是局部的，故障发生后暂时不会危及设备和人身的安全。

6. 按故障的相关性分类

按故障相关性可将故障分为相关故障和非相关故障。相关故障也称间接故障，因设备其他元器件而引发，比较难诊断；非相关故障也称直接故障，由元器件本身直接因素所引起，相对相关故障而言比较容易诊断。

除此之外，还可以按照故障的因果关系分成物理性故障和逻辑性故障，按故障的表征分为静态故障和动态故障，按故障变量的值分为确定值故障和非确定值故障等。

2.1.2 软件故障

软件故障是指由于软件内部的缺陷或错误，使软件或其组成部分丧失了在规定的限度内执行所要求功能的能力。如果没有容错措施或及时处理，就会使软件不能完成规定的功能，即为软件失效。软件故障与硬件故障有明显的区别：

（1）硬件故障与系统内部元器件失效、环境改变和人为因素有关，在一定的条件下是可以避免的；软件则不存在耗损和老化，也与外部环境无关，软件故障源于设计和开发过程，现有的开发和测试技术都不能达到软件无故障。

（2）硬件的故障率和构成硬件系统的元器件规模成线性关系，而软件故障与软件的长度或规模成指数关系。

（3）硬件故障会随时间增长呈现“浴盆”特性，而软件故障不因时间增长而变化，相对于时间是稳定的。

（4）硬件发生故障，经过维修以后还存在失效的可能，而软件错误一经维护改正，将永不复现。

（5）可根据硬件系统的组成，建立故障模型，预测硬件故障的可能性；软件故障具有先验不可知性，难以建立通用的模型进行准确的预测。

无论软件故障还是硬件故障，都是可传播的。软件运行到故障位置会产生错误的状态或数据，进而引发后续程序在异常的状态下继续执行，这样故障在软件内部相继传播，直到系统无法执行或执行完成产生错误的结果为止。同样，硬件故障也可以通过硬件之间的连接将故障数据从一个模块传递到下一个模块。由于硬件是物理的，而软件是不可见的，系统最终以系统失效的形式将故障表现出来。

2.1.3 软硬件故障

在软硬件结合紧密的系统中，软件和硬件存在复杂的相互作用，使得故障的传播过程异常复杂。一方面，由于现有的开发技术和测试方法都不能确保软件无缺陷，潜在的缺陷将在系统运行时因特定条件激发而形成软件故障，并通过软硬件相互作用在系统中相互传播，最终引起系统失效；另一方面，硬件故障也会在软硬件相互作用下传播到软件模块，引起软件故障并导致系统失效。为了描述这些由软件和硬件相互作用而引发的复杂故障，本书给出软硬件故障的定义如下：

定义 2.1 软硬件故障是指因软件和硬件相互作用而导致系统不能完成预定功能的状态。

软硬件故障本质上是一种在软件和硬件之间交叉传播的故障形式。相对于其他类型的故障而言，软硬件故障的机理更为复杂，不仅包含了软件和硬件自身的故障机制，而且也包含了软件和硬件的复杂交互过程，这使得软硬件故障的分析变得十分困难。

软硬件故障的载体是软件和硬件，因此其故障原因可能是软件因素，也可能是硬件因素。根据故障的诱发原因，可将软硬件故障分为两类：

(1) 硬件引发的软硬件故障。硬件的某个元器件或组件发生故障，将错误的数据通过接口发送给软件，软件在错误的数据下执行，产生异常的状态和行为，并最终引起系统的失效。

(2) 软件引发的软硬件故障。软件运行存在缺陷的程序代码，在特定的条件下，缺陷被触发，软件发送错误的指令或数据给硬件，导致硬件不能执行或执行后产生错误的结果，从而使系统失效。

软硬件故障的外在表现形式称为软硬件故障模式。直观地说，软硬件故障模式是一种因软件和硬件复杂交互导致故障交叉传播，并引发系统失效，最终呈现出硬件或软件都可能发生故障的故障现象。

2.2 故障诊断技术及现状

故障诊断技术是在20世纪60年代为发展高性能飞机和保证航天系统的可靠性而发展起来的，以后逐步推广到核能设备、动力设备和其他一些大型成套设备中。故障诊断技术的出现，为提高系统的可靠性和安全性开辟了一条新的途径。在技术进步与市场拓展的双重驱动下，故障诊断技术得到了快速发展，并在航空航天、核反应堆、热电厂、化工、铁路、船舶、机器人等一系列工程技术领域得到了成功应用，取得了显著的经济效益。

同故障诊断技术一样，软件故障诊断技术也是随着软件系统可靠性技术的发展而逐渐形成的，其经历了如下3个阶段：

(1) 20世纪50年代初到20世纪60年代末。在软件发展过程的这个原始阶段中，程序是由使用计算机的科学家和工程师自行编制的，没有公认的规则可供遵循。随后，高级语言相继诞生并得到广泛应用，但由于相对硬件而言，软件仅占系统的次要位置，软件的正确性主要依赖于编程人员的水平，软件发生故障后必须由计算机专家进行复杂的分析和处理。

(2) 20世纪70年代初到20世纪80年代中期。由于集成电路和大规模集成电路的出现，导致计算机向大型机和微型机两个极端的方向发展。软件危机使得用户对软件可靠性的需求极为紧迫，由此软件可靠性学科和软件工程学科得以建立和发展。一方面，软件可靠性的数学模型(如Shooman模型、Jelinski-Moranda模型和Nelsen模型等)大量涌现，软件失效数据的积累和分析工作也有了初步的发展；另一方面，硬件可靠性和安全性分析中所采用的故障树分析方法、故障模式分析方法和潜通路分析方法等，已在软件安全性分析中大量使用，并取得了很好的效果。这个阶段尽管未形成软件故障诊断的思想，但是硬件故障分析中的模型和方法在软件故障分析中得到了广泛的应用，为软件故障预测、软件故障模式影响分析等提供了有效的途径。

(3) 20 世纪 80 年代末期至今。随着软件规模的扩大和在系统中所占比例的增加，软件系统的复杂性也在不断增长，因软件可靠性而导致的灾难事件时有发生。传统的数学模型无法描述复杂的软件过程，加之故障树分析方法受使用者知识和能力的限制，使得人们需要寻求新的软件故障分析方法。在此需求的推动下，人们对软件容错、程序分析、软件测试等进行了深入的研究，形成了数据流分析、控制流分析、程序插装、程序切片、软件故障注入等方法，并使用这些方法分析软件故障的原因和传播机制，检测软件程序的正确性，形成了适合于软件的故障诊断理论和方法。

无论是硬件故障诊断方法还是软件故障诊断方法，概括起来都可以划分为 3 类：基于模型的故障诊断方法、基于监测的故障诊断方法和基于知识的故障诊断方法。

2.2.1 基于模型的故障诊断方法

模型是一个系统物理的、数学的或其他方式的逻辑表述，它以某种确定的形式提供关于系统的知识。无论是硬件或软件，都可以用模型进行描述。一旦建立了分析对象的模型，就可以对模型表达的信息和实际观测的信息进行比较，找出两者存在的差异，从而识别故障。

1. 基于解析模型的硬件故障诊断方法

基于解析模型的硬件故障诊断是将被分析对象的可测信息和由模型表达的系统先验信息进行比较，从而产生残差，并对残差进行分析和处理而诊断故障的技术。根据残差产生形式的不同，基于解析模型的故障诊断方法又可以分为状态估计方法、参数估计方法和等价空间方法。

状态估计方法的基本思想是：首先重构被控过程的状态，通过与可测变量比较构成残差序列，再构造适当的模型，用统计检验法从残差序列中把故障检测出来。该方法要求系统可观测或部分可观测，通常用各种状态观测器或滤波器进行状态估计。

参数估计方法与状态估计方法不同，不需要计算残差序列，它可通过对系统模型参数的辨识来达到故障诊断的目的，即根据参数变化的统计特性来检测故障的发生。

等价空间方法的基本思想是通过系统的输入、输出(或部分输出)的实际值检验被诊断对象数学关系的等价性，从而达到检测和分离故障的目的。

基于解析模型的硬件故障诊断方法的优点是可以诊断未预知的故障，不需要历史的经验知识。缺点是需要对分析对象建立精确的数学模型，而对于非线性系统等复杂的大系统，要想获取其精确的数学模型是非常困难的，所以限制了该方法在工程实践中的使用范围。

2. 基于模型的软件故障诊断方法

软件是人编写的，是逻辑思维的映像，看似简单的程序代码实际是各种不同模型复合后的外在表现形式。

1) 基于模型的软件故障诊断方法

与硬件故障诊断相似，软件故障也形成了基于模型的诊断方法。Kuper 最先进行了基于模型的软件故障调试方法的探索。后来，Console 等人将 Reiter 提出的基于模型的故障诊断方法正式引入到软件故障的调试过程中，提出了基于模型的软件故障诊断方法。该方法用软件程序中的语句代表模型的组件，在软件程序的语义基础上定义模型的行为，用测试用例作为观测器获取软件的实际行为，通过对比模型和观测器的数据从而识别出故障。之后 Bond 等人发现 Console 为诊断所定义的异常形式不规范，会导致一个不完整的诊断计算过程，针对该问题提出了一个改进的基于模型的故障诊断算法。

Wieland 提出了基于依赖模型(Dependency-based Model)的故障诊断方法，先分析出程序的依赖关系(如控制依赖和数据依赖)，为依赖建立连接图表示模型的逻辑规则，然后利用观测器获得冲突集，根据逻辑规则推导出故障集。Wieland 讨论了 3 种依赖模型：基于执行迹的依赖模型(Execution Trace based Dependency Model)、细节依赖模型(Detailed Dependency Model)和简化依赖模型(Summarised Dependency Model)。基于执行迹的依赖模型需要按照测试用例执行程序；细节依赖模型不需要执行程序，只需要分析数据流、控制流和动态创建的数据结构；简化依赖模型则是为了解决大型程序而设计的，其在细节依赖模型基础上进一步抽象，创建统一的空间存储数据结构，提供给所有程序变量引用。Wotawa 通过实验论证了基于模型的诊断方法获得的故障冲突集和对故障的切片是等价的。

依赖模型应用于面向对象时，通常会返回许多错误的故障诊断结果，主要的原因是推理不够充分，归结到模型上就是将具体语义粗略地抽象到 ok(·)和 ¬ ok(·)两种推理计算方法，不足以表示模型数据和检测数据的一致性。为此，Mateis 等人提出了基于值模型(Value-based Model)的诊断方法，用变量的具体值运算取代依赖模型中的逻辑运算，该方法更接近于程序的控制流，并且可以获得与程序转移无关的冲突。Kob 等人提出了基于谓词提取模型(Predicate Abstraction-based)的诊断方法，其集成了谓词提取模型和值模型，在没有值的语句位置处用谓词提取冲突，因此比值模型诊断方法更适合于验证程序的正确性。

2) 基于控制流和数据流模型的软件故障诊断方法

控制流描述了程序的操作顺序和调用关系。以语句作为节点，控制流作为边，建立的有向图模型称为程序的控制流图。控制流图可以表示程序中语句、模块之间的执行顺序和相互调用关系。构造源程序的控制流图，提取程序的预期执行路径，和实际的执行路径进行比较，便可以发现存在故障的程序执行路径和代码。

数据流描述了变量的值从其定义点如何到达使用点。数据流分析能从程序代码中收集程序的语义信息，并通过代数的方法确定变量的定义和使用。通过数据流分析，不必实际运行程序就可以发现程序运行行为方面的特性，比如检测数据的赋值与使用是否发生了不合理现象，即找出被测程序中是否存在变量在使用前未被赋值、变量在两次赋值之间未被使用、一个赋了值的变量是否未再被使用等异常情况。被测程序中若出现了上述异常情况，程序的执行将受到影响而引发故障，通过数据流分析则能够发现并定位这些异常。

控制流分析跟踪程序可能执行的路径，数据流分析则沿着可能的控制流路径跟踪数据的定义和使用，并收集有关特定数据项的属性信息。因此，基于控制流模型的故障诊断方法主要用于检测程序的控制流故障，而基于数据流模型的故障诊断方法主要用于检测变量的未定值引用、变量定值未被应用、资源未分配使用、资源泄露等故障。

基于模型的软件故障诊断方法的优点是可以比较准确地将故障定位到程序块或代码集。缺点是诊断过程较为复杂，只能诊断有限的软件故障类型，所需时间和空间随软件规模增大而指数增长，因此不适合大型软件系统的故障诊断。

2.2.2 基于监测的故障诊断方法

如果系统规模较大，内部结构复杂，通常难以找到合适的模型来描述系统。在无精确模型的情况下，可以通过获取系统的可测信息，进行分析和处理而检测故障的发生，这就是基于监测的故障诊断方法。硬件形成的是基于信号处理的故障诊断方法，而软件则主要包括基于程序谱分析的故障诊断方法和基于切片的故障诊断方法。

1. 基于信号处理的硬件故障诊断方法

基于信号处理的硬件故障诊断方法是通过利用信号模型，如相关函数、高阶统计量、频谱、小波等，直接分析可测信号，提取诸如方差、幅值、频率等特征值，从而检测故障的发生。由于该方法不需要建立精确的数学模型，因此发展极其迅速。应用较多的有各种谱分析方法、时间序列特征提取方法、自适应信号处理方法等，近些年来又出现了主元分析方法、小波变换方法、时频分布方法、δ 算子方法、Kullback 信息准则方法、信号模态估计方法、分形几何方法、信息融合方法等。

基于信号处理的硬件故障诊断方法的优点是实现简单，不需要建立系统的精确模型，在工程上应用较为广泛。缺点是其依赖于信号的检测和处理，因此往往会受信号噪声的影响；通常只局限于用特定信号分析某些特定的故障，很难进行扩充或应用于不同的分析对象；计算量因分析对象规模而迅速增加，检验手段也变得更复杂；只能粗略判断故障范围，不能直接定位故障。

2. 基于程序监测的软件故障诊断方法

1）基于程序谱的软件故障诊断方法

程序谱(Program Spectra)是提供软件行为特殊视图的一类数据集，其表达了程序的行为特征。常见的程序谱有如下 6 种：

(1) 分支谱(Branch Spectra)：记录了程序执行时的条件转移集合。其中，记录了转移是否执行的谱称为分支命中谱(Branch-hit Spectra，BHS)，记录了转移执行次数的谱称为分支计数谱(Branch-count Spectra，BCS)。

(2) 路径谱(Path Spectra)：记录了非循环执行路径的集合。其中，记录了路径是否执行的谱称为路径命中谱(Path-hit Spectra，PHS)，记录了路径执行次数的谱称为路径计数谱(Path-count Spectra，PCS)。

(3) 完全路径谱(Complete-path Spectrum，CPS)：记录了完全执行路径的集合。

(4) 数据依赖谱(Data-dependence Spectra)：记录了程序执行时的定义—引用对集合。其中，记录了定义—引用对是否执行的谱称为数据依赖命中谱(Data-dependence-hit Spectra，DHS)，记录了定义—引用对执行次数的谱称为数据依赖计数谱(Data-dependence-count Spectra，DCS)。

(5) 输出谱(Output Spectrum，OPS)：记录程序执行时的输出。

(6) 执行迹谱(Execution-trace Spectrum，ETS)：记录了程序执行时程序语句的序列。

程序谱本质上是软件运行数据在软件行为上的映射。故障是软件的异常行为，这些行为会产生特定的程序谱，因而不同故障具有其特殊的程序谱。通过获取软件的程序谱，抽取其数据特征，可以检测出故障是否发生。Reps 等人首次提出了程序谱并用于解决"千年虫"问题。Zoeteweij 在程序谱的基础上提出了一种程序区块谱，用于嵌入式软件的故障定位，并讨论了相似系数对定位精度的影响。

程序谱适用于分析回归故障，通过比较不同版本的程序谱可以检测出潜在的故障。基于程序谱的故障诊断方法优点是：不需要对软件的源代码进行深入分析，获取数据较为容易；对于检测系统的异常行为很有效，通过数学的方法进行分析和处理就可以判别故障行为；便于集成于软件测试和维护过程，可以显著地降低分析的代价。缺点是：局限于特定类型故障的分析，很难扩充到其他对象；分析方法存在一定的误差，定位故障的精度因程序谱和参数选择的不同而存在较大区别。

2）*基于程序切片的软件故障诊断方法*

程序切片技术是一种分析和理解程序的技术，即通过计算源程序中各个兴趣点的切片来达到对整个程序的分析和理解。程序切片实际上是对程序进行分割与简化，从被测程序中抽取出与切片准则中兴趣点相关的那部分语句，忽略那些与兴趣点无关的语句。程序切片技术具有简化问题、缩小目标范围的特征，广泛应用于软件维护、程序调试、程序测试以及逆向工程等领域。

程序切片的概念最早由 Weiser 提出，其在程序分析中发现程序的输出只与部分语句和控制谓词相关，删除其他的语句和谓词并不影响输出的结果，并把这种约简后的程序称为静态切片。Pan 和 Spafford 使用动态切片获得一系列启发式规则，用于软件故障的定位。Agrawal 等人提出了基于程序动态切片的调试模型，针对可能遇到的程序错误，并选取相应的切片方法进行分析和定位：对于变量值引发的错误，可根据程序的数据依赖获得其动态数据切片，而对于控制关系错误，则根据控制依赖关系获得程序的动态控制切片。而后，Agrawal 等人提出了一种介于静态切片和动态切片之间的相关切片，Gyimothy 等人则提出了相关切片的前向切片算法，并用于软件故障的分析和定位。Francel 和 Rugaber 通过实验证明，在调试程序过程中使用切片的方法将提高程序员对错误的定位能力。Zhang 等人对 3 种动态切片方法：数据切片（Date Slicing）、完全切片（Full Slicing）和相关切片（Relevant Slicing）进行实验分析和对比，结果表明：切片的大小按数据切片、完全切片和相关切片依次递增，但相关切片在比完全切片略大的情况下可以切出所有的故障语句，而前两者只能切出部分故障语句。

基于程序切片的软件故障诊断的优点是：可以显著缩小故障分析和定位的代价，并且可以集成于程序调试过程。缺点是：获取和建立依赖关系过程复杂，难以在切片对故障的准确率和算法的复杂度之间获得平衡，也就是说，要获得更为精确的故障定位方法需要扩充切片，但这又会增加算法的复杂度，降低切片的效率。

2.2.3 基于知识的故障诊断方法

对系统的长期实践可以获得大量的经验和故障信息，将这些以自然语言表述的抽象知识转换成计算机可以理解的表示形式，模拟领域专家在推理过程中控制和运用知识的行为能力来进行故障的分析，从而形成了基于知识的故障诊断方法。该方法不需要对象的精确数学模型，只需要将分析对象作为一个有机整体进行研究，目前形成的主要方法有基于故障树分析的方法、基于模糊逻辑的方法、基于人工神经网络的方法、基于 Petri 网的方法和基于粗糙集理论的方法等。下面重点讨论故障树分析方法。

1. 基于故障树分析的硬件故障诊断方法

故障树分析方法由美国贝尔实验室的 Watson 博士于 1961 年首创，并成功应用于民兵式导弹发射控制系统的设计中。1965 年，Haasl、Mearns 等人提出了故障树分析的明确概念，引起了学术界的高度重视，有效推动了故障树研究的发展。1974 年，美国原子能委员会组织发布核电站安全评价报告(WASH－1400)，标志着故障树分析技术逐步走向成熟。作为可靠性演绎分析的最好手段，故障树技术逐步渗入到了航空、航天、电力、化工等科技领域，并形成了完整的理论、方法和工程分析程序。典型的包含故障树的可靠性分析工具有 RELEX、ISOGRAPH、ITEM、GALILEO 等。

故障树分析法是一种自上而下逐层展开的演绎分析方法，以系统最不希望发生的事件作为顶事件，向下逐层找出导致该事件发生的各种因素，建立倒立的故障树表示事件的逻辑关系，分析系统中发生的故障事件，以判别基本的故障事件、确定故障的原因和影响。在故障诊断方面，故障树分析的目的在于寻找顶事件发生的原因事件或原因事件的组合，即识别导致顶事件发生的所有故障模式，指导故障的诊断与分析。

故障树分析方法包括定性分析和定量分析。定性分析中使用最小割集算法和最小路集算法找出导致顶事件发生的所有可能的故障模式，计算系统出现某种最不希望的故障事件的可能性；定量分析的主要目的是求顶事件发生的特征量(如可靠度、重要度、故障率、累计故障概率等)和底事件的重要度。通过定性分析可以得到最小割集、最小路集以及相关的底事件，可以实现故障的预测及诊断；通过定量分析可以得到系统的可靠度、不可靠度和重要度等，用于确定关键部件、故障诊断与维修的策略。

基于故障树的故障诊断方法优点是：直观、形象，能够实现快速的故障定位。缺点是：由于故障树建立在系统结构和故障模式分析的基础上，因此不能分析不可预知的故障；计算量随着故障树规模扩大而剧增，易引发“组合爆炸”问题；分析结果严重依赖于故障树信息的正确性和完整性；分析能力有限，通常位于部件级或模块级。

2. 基于软件故障树分析的软件故障诊断方法

随着软件的可靠性和安全性问题日益严重，故障树分析方法逐步应用于软件的故障分析中。软件故障树的思想是由 McIntee、Leveson 和 Taylor 等人提出的，他们几乎在相同的时间将故障树的思想引入软件的故障分析中。软件故障树分析采用与故障树分析类似的方法，以可能出现的软件故障作为顶事件，找出导致该事件发生的各种原因，从上而下逐级建立故障树，分析该故障树，从而得到导致软件故障的原因事件和事件组合。

软件故障树分析可以划分为模块级和代码级两类，这与传统的故障树分析存在明显的区别。对于大型的系统，使用软件故障树可以有效地寻找故障和识别需要进一步分析的关键模块。同时，软件故障树也可以在软件的代码级上进行，Leveson 将软件故障树应用于 ADA 程序的分析。在代码级中，软件故障树基于软件程序的内在结构，是程序语言的语义在故障树上的映射，与硬件故障树有本质的区别。代码级软件故障树生成基于语言指定的模板，Cha 等人提出了 Ada 语言的基本模板，Ordonio 对 Ada 语言的模板集进行扩展，给出了完整的模板集，并且开发了一种生成 Ada 语言模板集的自动代码转换工具（Automated Code Translation Tool，ACTT）。Reid 对 ACTT 进行了改进，使其能处理 Ada 语言的同步和异常。在此基础上，Mason 研究了软件故障树的自动建树，并设计了故障分离工具。

Lutz 将故障树技术应用于软件的需求分析，试图在软件开发初期解决可能存在的问题，并提出了结合软件故障树和软件失效模式的双向分析方法，成功应用于实际软件系统的安全分析中。Dehlinger 和 Lutz 将软件故障树应用于生产线，通过删减方法重用软件故障树使其适用于新的生产线成员，并设计和开发了软件分析工具 PLFaultCAT，该方法可以减少对新产品的安全分析，缩减产品开发的代价和过程。

基于软件故障树的故障诊断方法较为直观，快速有效，已广泛应用于软件的安全性和可靠性分析中。其局限性在于：对于大型的系统，代码级的分析是不现实的，软件故障树只可以用来确定关键区域，需要在这些区域内再进行代码级的分析；应用范围较为狭窄，只有在系统关键故障相对较少的情况下才是一种有效、实用的分析手段。

第3章　软件密集型装备的故障分析

软件密集型装备以软件为主体，但故障最终表现在以硬件为主要形式的系统上，软件和硬件的复杂作用使得软件密集型装备的故障诊断面临巨大的挑战。因此需要分析软件密集型装备故障的特点，寻找故障分析的突破口，在现有的研究基础上，探索新的诊断理论和方法，形成有效的框架，从故障分析、故障检测等方面提供系统有效的解决途径。

本章介绍了软件密集型装备故障及其特点，以及软件密集型装备软硬件故障分析现状，在此基础上研究了软件故障分析的框架。

3.1　软件密集型装备的故障及其特点

软件密集型装备的主要功能由软件来实现，软件和硬件的相互作用对系统可靠性产生了巨大的影响。因为软件或硬件的故障，最终引发系统失效，导致蒙受重大经济损失的事件时有发生：

(1) 1996年6月4日，欧洲空间局的“Ariane 5”型火箭501在升空40秒后发生爆炸，损失高达5亿美元；事故调查结果证实：由于软件设计错误，未能处理数据转换时发生错误而引发的异常，导致惯导系统失效，并最终偏离飞行轨道在空中解体。

(2) 1999年4月30日，美军国防部新一代通信卫星“Milstar”的第3颗卫星发射后失效成为太空垃圾，损失高达10亿美元；事后调查表明：由于半人马座火箭控制软件装载了错误的数据而导致火箭无法继续飞行，未能将卫星送达预定轨道。

(3) 2004年9月28日美国空军列编中的第二架F-22A飞机“猛禽”4003在进行枪炮跟踪瞄准机动时，遇到紊流，导致出现严重的过G值状态；该机虽然安全着陆，却承受了360万美元的损失。调查人员事后在飞控系统中找到了引起紊流事件的软件缺陷。

上述例子表明：在软件密集型装备中，软件和硬件相关性较强，因软件和硬件相互作用形成的软硬件故障是软件密集型装备的典型故障模式。作为一种复杂的故障，软硬件故障除了普通故障所具有的层次性、相关性和随机性等特性之外，还具有不确定性、交叉传播性等特性，具体如下：

(1) 层次性，即故障的“纵向性”。软件密集型装备从结构上可划分为系统、软件或硬件子系统、模块、部件等各个层次，其功能也可划分为若干层次，因而其故障也有不同的层次。任何故障都是与系统的某一层次相联系的，高层次的故障可以由低层次的故障所引起，而低层次的故障必定引起高层次的故障。这就是说，软件子系统某层次的故障可以引发硬件一定层次的故障，而硬件子系统某层次的故障也会引发软件一定层次的故障。

(2) 相关性，即故障的“横向性”。这是由软件密集型装备软件和硬件各元素间的联系所决定的。当一个元素或联系发生故障后，可能导致与其相关的元素或联系的状态发生变化，进而引起相关元素或联系也发生故障。某一软硬件故障可能对应若干软件或硬件的故障现象，而某一软件或硬件的现象可能对应若干软件或硬件的故障，软件和硬件之间的错综复杂关系使得故障的分析和诊断较为困难。

（3）随机性，即故障的“频率性”。在软件密集型装备中，许多软硬件故障都是由软件故障引发的。软件不会像硬件那样损耗，其故障主要是由软件中残留的设计错误造成的，当软件运行在某一特定的条件时，这些软件错误就会触发并使得软件运行的内部状态发生意外的改变，引发软硬件故障。随着软件密集型装备运行环境的改变，软件故障呈现随机性变化，导致软硬件故障的发生也呈现随机性。

（4）不确定性。不确定性是软硬件故障的一个重要特性。一方面，软硬件故障的发生具有不确定性，同一软件密集型装备在不同时间和工作条件下，软件和硬件模块之间作用方式是确定的，从而导致其状态和行为也不确定，因而其形成的故障也是不确定的；另一方面，软硬件故障原因也具有不确定性，即使在确定的故障现象下，也不能够简单地将故障原因归结为软件或硬件。

（5）交叉传播性。交叉传播性是软硬件故障本质的体现。软件密集型装备中，软件和硬件之间存在信息交互，为软硬件故障的传播提供了途径。在软硬件相互作用下，软硬件故障可以在软件和硬件之间交叉传播，既可以从软件程序传播到硬件元器件，也可以从硬件元器件传播到软件程序。

软硬件故障的上述特性表明，软硬件故障诊断过程不同于一般的故障诊断过程，不仅需要诊断出故障的成因，而且需要分析出故障的产生和传播过程。

3.2 软件密集型装备的故障分析现状

3.2.1 国外研究现状

美军最早提出了软件密集型装备的概念，并从软件密集型装备保障体制、保障技术与方法等多方面入手，对其进行了系统和深入的研究和实践，取得了重要的进展。目前，美军已经建立了较为完善的体制，可以对软件密集型装备进行保障性和维修性两方面的评估，为装备的开发、使用和维护保障提供了完整的标准和方法。国外的公开的研究成果主要针对软件和硬件相互作用对故障产生的影响，并针对特定类型的故障进行深入的分析和诊断。

Sumita 和 Masuda 指出：系统可能同时受到软件故障和硬件故障的影响，提出硬件失效影响下的软件可用性数学模型，用于系统的可靠性分析。Hassapis 将该模型应用于分布式过程控制系统，分析其在软件和硬件故障影响下的有效性。

Goswami 和 Iyer 提出了一种由节点和边构成的软件模型，将模型映射到具体的内存，通过将故障注入到程序的内存空间并仿真程序的执行，研究发生硬件故障时的软件行为。Huang 讨论了用故障注入方法研究硬件失效对软件影响的可行性，提出了一种基于仿真的方法用于提取软件特有的硬件失效剖面(Hardware Failure Profile)，分析硬件失效对软件的影响。杨学军等人讨论了计算数据流模型，在此基础上建立了错误流模型，用以定量研究硬件故障在软件程序中的传播。

Dugan 提出了基于故障树和 Markov 链的系统软硬件故障诊断与容错方法。该方法考虑了并行处理机的瞬态故障、固定故障、软硬件相关和不相关故障等故障模式，给出了一个结合 Markov 链、故障树和组合方程的分层诊断模型，并将该模型应用于一个假想的软硬件结合紧密的系统中，分析其在软件和硬件故障影响下的有效性。

Abulnaja 针对系统易受到软件和硬件故障共同影响，提出了集成故障容错方法(Integrated Fault-Tolerant)和相应的调度算法，优化了系统的性能和可靠性，同时也能识别简单的软件故障和硬件故障。Stanton 提出了基于 Petri 网模型的故障监测机制，用于制造系统的故障诊断，其能推断出故障原因是软件还是硬件。Sung 和 Choi 提出了一种针对嵌入式系统的测试数据选择技术，通过仿真分析嵌入式系统的行为，模拟软件和硬件的交互，将硬件故障注入到软件中使其产生软件故障，选择出能检测软件和硬件交互故障的有效测试集。

Stroph 和 Clarke 提出了一个针对飞行控制设备的软硬件故障模式分析与诊断方法。讨论了用故障注入方法研究软硬件故障的可行性，详细描述了故障注入算法和检测诊断装置的具体实现过程，并通过针对直升机控制设备的仿真实验，验证了方法和工具的有效性。

此外，在软硬件交互方面，Steiner 和 Athanas 从微观上对软硬件相互作用进行了研究，并提出了软硬件二元性模型，有利于理解软件和硬件的相互作用和功能的一致性；ECSS(European Cooperation for Space Standardization)提出了软硬件交互分析方法 HSIA (Hardware-software Interaction Analysis)，用于软件可靠性分析和评估。该方法通过系统地检查软件系统和硬件电路的接口，分析硬件失效对软件的影响以及软件异常行为对硬件元件的影响，其实现时采用和 FMEA(Failure Mode and Effects Analysis)类似的知识表达和分析过程，通过问题和列表的方式收集数据，并结合 FMEA 对故障进行分析。

3.2.2 国内研究现状

近年来，我国已加强了对软件密集型装备故障维修保障问题的重视程度，开展了软件密集型装备保障技术的研究。在“十五”期间，多家科研院所和学校开展了该领域的研究工作，在软件密集型装备故障诊断框架、失效模式分析、软件诊断技术方面取得了阶段性成果。“十一五”期间，对软件密集型装备保障的核心问题之一——软硬件故障分析和诊断技术进行了深入的研究，取得了一定的研究成果：

(1) 在基于模型的分析方面，梁鸿波等人研究了软件密集型装备软件故障静态检测关键技术，提出了基于控制流分析的软件密集型装备故障静态检测方法，对软件密集型装备端口变量相关故障和窗体指针相关故障进行了具体分析，为软件密集型装备故障的静态检测提供了新手段；易昭湘等人研究了基于 Petri Net 的故障模型，可从模块级准确描述软件和硬件相互影响的机制，为分析软硬件交互的机理提供了新的途径。

(2) 在基于监测的分析方面，毛晶等人研究了软件密集型装备代码的插桩技术，设计了基于依赖理论的软件密集型装备代码控制依赖与数据依赖生成算法，结合软件密集型装备代码依赖特点，提出了一种针对软件密集型装备软硬件故障的动态插桩方法，为典型软件密集型装备的软硬件故障分析、定位提供了一种新的辅助工具；赵鹏研究了基于信息融合的软件密集型装备故障诊断技术，提出了软件密集型装备不确定性信息的度量方法，研究了基于模糊融合和 D-S 证据理论的软件密集型装备故障诊断方法，为软件密集型装备故障诊断提供了一条新思路。

(3) 在基于知识的分析方面，熊斌等人提出了一种基于功能分解的系统划分方法，实现了故障类型的划分，利用 Markov 方法实现了对软硬件相关故障动态故障树的定性、定量分析，采用遗传算法建立了维护策略的数学模型，为软、硬件维修对象的选择提供决策依据；帅桂华等人提出了一种软硬件故障的形式化划分方法，给出了一种基于 BDA 的软硬件故障分析方法和软硬件故障的分层诊断定位算法，为典型软件密集型装备的故障定性、定量分析提供了一种新的辅助工具。

综上所述，国内在软件密集型装备故障诊断方面建立了软硬件故障的基本概念，在软件密集型装备故障分析、故障检测上有了重大进展。

3.3 软件密集型装备的故障分析框架

软件密集型装备故障分析框架如图 3.1 所示。针对软件密集型装备故障的特点，主要进行故障机理分析、故障划分、双向分析和故障检测。机理分析是前提，可以为故障分析和检测提供模型和数据；故障划分是基础，为双向分析和故障检测提供充分的依据；双向分析是基本手段，为实现故障检测提供了保障，故障检测是在上述故障分析基础上进行更为深入的故障测试和排除，为软件密集型装备故障分析提供了有效的途径。

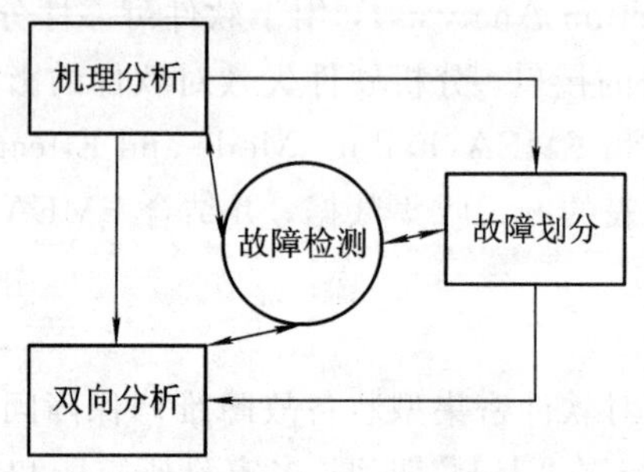

图 3.1 软件密集型装备故障分析框架

依据上述框架，软件密集型装备故障分析的主要任务是根据软件密集型故障的特点，建立故障的模型，分析故障的传播机理、故障的软硬件划分和故障原因分析。具体包括：

(1) 机理分析。任何一种故障都有其产生的原因和发展规律，通过故障机理分析可以确定故障的形成过程。软件密集型故障产生于软件和硬件相互作用之中，形成过程复杂，需要建立一个合适的模型来描述故障，并从模型中分析故障的产生和传播过程。

(2) 故障划分。由于硬件、软件以及软硬件相互作用所产生的故障机理不同，导致其分析和诊断方法存在较大差异。通过对系统软硬件故障的划分，可以明确软硬件故障产生的软件模块、硬件模块及软硬件组合模块的故障模式。通过对划分结果的分析，可以确定系统的故障分析思路，从而为系统进一步的故障诊断提供理论依据。

(3) 双向分析。通过对软硬件故障的划分，得出了软件密集型装备中影响软硬件故障的软件部分故障事件、硬件部分故障事件及软硬件组合部件故障事件，但为了实现对故障的精确分析，需要在传统的 FMEA 和 FTA 技术上进行综合和改进，获得完整、准确的分析结果。

(4) 故障检测。无论是软件还是硬件，其运行时数据体现了系统的状态和行为。因此，可以获取系统运行时的数据，进行分析和处理得到能表征系统状态的数值，再通过一定的方法检测和判别软硬件故障的发生。故障检测需要选择合适的检测算法，阴性选择算法可实现无先验知识的异常检测，适用于小样本检测且具有较好的识别能力，因此基于阴性选择算法对软件密集型装备进行故障检测具有良好的效果。

第4章 基于 Petri 网的软件密集型装备故障机理分析技术

软件密集型装备中的软件和硬件存在复杂的相互作用，使得软件故障和硬件故障相互传播，并最终导致系统的失效。因此，不能简单地将系统失效的原因归结于软件或硬件。软件故障或硬件故障是量变，系统失效是质变，那么软硬件相互作用则是量变到质变过程的推动力，其中必然存在一定的规律可循。为了揭示软硬件故障的内在规律，需要寻找有效的模型来表达软件故障和硬件故障之间的相互作用和影响方式，以及故障的传播过程。

本章主要讨论了软硬件故障建模存在的问题，研究了基于 Petri 网的软硬件故障模型，在此基础上讨论了软硬件故障模式，分析了软硬件故障的机理。

4.1 故障建模问题分析

在分析系统时，需要建立一个与之相对应的模型，用以描述大概的系统。所谓模型，就是对真实系统的简化、抽象本质的一种描述。采用某种方法对真实系统进行抽象描述，得到系统模型，这个过程称为建模。为了分析软件密集型装备的软硬件故障，必须对软硬件故障建模方法和技术进行研究。

软件密集型装备通常都以计算机系统为核心。对一个计算机系统而言，硬件是由元器件构成的有形物体，包括微处理器、存储器、总线和输入/输出设备；而软件则是为运行、维护和管理应用计算机的所有程序和数据的总和，其存储于存储介质中，是无形的。硬件是计算机系统的物质基础，处于系统的底层，软件则建立在硬件的基础上，通过指令的执行和硬件交互数据，从而达到控制硬件的目的。软件和硬件有机结合在一起，共同作用以完成系统所规定的功能。总而言之，软件和硬件存在本质的差异，处于模型的不同层次，同时两者之间在功能上紧密关联，不能简单地进行划分处理，从而给软硬件故障的建模和分析带来了很大的挑战。

软件密集型装备是一个软件和硬件紧密结合的复杂系统，要对其进行分析，需要寻求一种有效的针对复杂系统及功能的抽象描述方法。作为一种系统的数学和图形描述与分析工具，Petri 网为复杂系统建模和分析提供了有效的途径。

Petri 网是由德国的 Carl Adam Petri 于 1962 年提出的，Carl Adam 在他博士论文"Communication with Automata"中首创性地用 Petri 网来描述通信系统。经过 40 多年的发展，Petri 网在网模型、分析技术、工具实现等方面得到了长足的进步，已经形成一个具有严密的数学基础、多种抽象层次的系统建模和分析方法，并在自动控制和计算机科学中得到广泛的应用。

作为一种图形化和数学化的建模与分析方法，Petri 网在可靠性分析、故障诊断等领域得到了应用与扩展。目前已形成的基于 Petri 网的故障诊断方法可以划分为基于知识的方法和基于对象模型的方法，前者侧重于知识的建模和推理，与故障树、专家系统等方法相结合形成故障诊断专家系统；后者则侧重于系统的行为分析，借助一些高级 Petri 网，如随机 Petri 网、有色 Petri 网、对象 Petri 网等，建立对象行为的 Petri 网模型，分析模型输出与实际输出的差别，结合网络属性来定位故障。

Petri 网在故障诊断中的应用表明，一方面，Petri 网采用图形化的描述和数学推理方式，适合于表达故障的逻辑关系、完成故障分析中的知识表示以及推理过程；另一方面，Petri 网适合于描述系统状态和行为的改变，准确地描述系统中故障的产生和传播特性，反映出故障的动态传播过程。

Petri 网的上述特点为解决本章的软硬件故障建模问题提供了有效的途径。用 Petri 网来表达软硬件故障模型，一方面，可以通过 Petri 网建立起软件故障和硬件故障之间的交互作用，分析两者之间的逻辑关系；另一方面，可以在故障 Petri 网的基础上研究故障的传播性，识别软硬件故障模式，分析软硬件故障机理。

4.2 Petri 网基本理论

4.2.1 Petri 网基本概念

Petri 网是一种网状信息流模型，由两类元素组成：表示状态的元素和表示变化的元素。一个简单的有向网可以用一个 3 元组表示。

定义 4.1 满足下列条件的 3 元组 $N=(P,T;F)$ 称为一个网：

(1) $P\cup T\neq\varnothing$；

(2) $P\cap T=\varnothing$；

(3) $F\subseteq(P\times T)\cup(T\times P)$；

(4) $\mathrm{dom}(F)\cup\mathrm{cod}(F)=P\cup T$。

其中，$\mathrm{dom}(F)=\{x|\exists y:(x,y)\in F\}$，$\mathrm{cod}(F)=\{y|\exists x:(x,y)\in F\}$ 分别为 F 的定义域和值域，P 和 T 分别为网 N 的库所集和变迁集，F 是网 N 的流关系。P 的元素称为 P_- 元或库所，T 的元素称为 T_- 元或变迁。

定义 4.2 $N=(P,T;F)$ 是一个网，$\forall x\in P\cup T$，称 ${}^{\cdot}x=\{y|(y,x)\in F\}$ 为 x 的前集或输入元素集；称 ${}^{\cdot}x=\{z|(x,z)\in F\}$ 为 x 的后集或输出元素集。

定义 4.3 一个 6 元组 $PN=(P,T;F,K,W,M_0)$ 是 Petri 网的充要条件是：

(1) $N=(P,T;F)$ 是一个网，称为 PN 的基网；

(2) K：$P\rightarrow N^+\cup\{\infty\}$，称为库所的容量函数，$K(P)$ 表示网络的最大容量；

(3) W：$F\rightarrow N^+$，称为流关系上的权函数，权函数规定变迁发生一次引起的有关资源数量上的变化；

(4) M：$P\rightarrow N_0$，称为标识函数，N_0 表示初始状态标识，M 代表库所资源的分布，也代表了 Petri 网的状态。

其中，$N^+=\{1,2,3,\cdots\}$，$N_0=\{0,1,2,3,\cdots\}$。

定义 4.4 （变迁发生条件）

(1) 对 $t\in T$，${}^{\cdot}t^{\cdot}={}^{\cdot}t\cup t^{\cdot}$ 称为 t 的外延；

(2) t 在 M 下有发生权的条件是：

$$\forall p \in {}^{\cdot}t: M(p) \geqslant W(p,t) \wedge \forall p \in t^{\cdot}: M(p) + W(t,p) \leqslant K(p)$$

也称为 M 授权 t 发生，记为 $M[t>$。

定义 4.5 （变迁发生结果）

若 $M[t>$，则 t 在 M 可以发生，发生后 M 得到新的后继标识 M'，则 $\forall p \in P$，

$$M'(p) = \begin{cases} M(p) - W(p,t) & p \in {}^{\cdot}t - t^{\cdot} \\ M(p) + W(p,t) & p \in t^{\cdot} - {}^{\cdot}t \\ M(p) - W(p,t) + W(t,p) & p \in {}^{\cdot}t \cap t^{\cdot} \\ M(p) & \text{其他} \end{cases}$$

记为 $M[t>M'$。该定义表明，变迁的激发条件和结果只与其外延相关，而与全局状态无关，也称为 Petri 网的局部确定性。

4.2.2 Petri 网基本性质

用 Petri 网对实际系统进行建模时，系统的性能可由 Petri 网的性质反映。根据是否与初始标识有关，可将 Petri 网的性质分为两类：行为特性和结构性质；其中依赖于初始标识的特性称为行为特性，反之，不依赖于初始标识的特性称为结构性质。Petri 网可以分析的行为特性主要有可达性、可逆性、有界性、安全性、活性等。

1. 可达性

可达性是 Petri 网的最基本的动态性质，其余各种性质都要通过可达性来定义。

定义 4.6 设 Petri 网 $PN=(P,T;F,M)$，如果 $\exists t \in T$，使 $M[t>M'$，则称 M' 为从 M 直接可达的。如果存在变迁序列 t_1，t_2，…，t_k 和标识序列 M_1，M_2，…，M_k，使得：

$$M[t_1>M_1[t_2>M_2 \cdots M_{k-1}[t_k>M_k$$

则称 M_k 为从 M 是可达的。从 M 可达的一切标识的集合记为 $R(M)$，约定 $M \in R(M)$。

定义 4.7 设 Petri 网 $PN=(P,T;F,M_0)$，PN 的可达标识集 $R(M_0)$ 定义为满足下列条件的最小集合：

(1) $M_0 \in R(M_0)$；

(2) 若 $M \in R(M_0)$，且 $t \in T$，使得 $M[t>M'$，则 $M' \in R(M_0)$。

可达性是指系统运行过程中能达到指定的状态，是分析 Petri 网动态特性的基础。

2. 可逆性

定义 4.8 设 Petri 网 $PN=(P,T;F,M_0)$，$M \in R(M_0)$，如果对 $\forall M' \in R(M)$，都有 $M \in R(M')$，则称 M 为 PN 的一个可返回标识或一个家态。

定义 4.9 设 Petri 网 $PN=(P,T;F,M_0)$，如果 PN 的初始标识 M_0 是一个家态，则称 PN 为可逆网系统。

Petri 网的可逆性反映了系统的可恢复性。易知，如果 $PN=(P,T;F,M_0)$ 不是可逆网，但存在 $M \in R(M_0)$ 是一个家态，那么把初始标识换为 M，得到的 $PN=(P,T;F,M)$ 便是一个可逆网。

3. 有界性和安全性

定义 4.10 称 Petri 网 $PN=(P,T;F,M_0)$ 是有界的当且仅当 $\forall M \in R(M_0)$，$\forall p \in P$，$\exists k \geqslant 0$，使得 $M(p) \leqslant k$。

有界性反映系统运行过程中对资源的需求情况。当 $k=1$ 时，称 PN 为安全的。

4. 活性

定义 4.11 称 Petri 网 $PN=(P,T;F,M_0)$是活性的当且仅当$\forall t\in T$，$\forall M\in R(M_0)$，$\exists M'\in R(M)$，使得 $M'[t>$。

活性是指系统中不存在死锁，此性质用来保证系统能够成功地运行，而且保证所有任务都能被测试。

4.3 基于 Petri 网的软件故障模型

为进行软硬件故障分析，本节在基本 Petri 网的基础上，进一步扩展描述能力，研究了一种用于描述软件故障、硬件故障和故障模式之间的关系及故障模式形成过程的模型——软硬件故障 Petri 网(Software and Hardware Fault Petri Net，SHFPN)。

4.3.1 SHFPN 形式化定义

Petri 网的本质特征表现为资源的流动，资源包括物质资源和信息资源，系统中的资源是不可重用的、不能覆盖的，而对于故障 Petri 网模型，变迁的启动表现为故障信息衍生的过程，资源是可重用、可覆盖的。因此，有必要在原 Petri 网的基础上对软硬件故障 Petri 网进行重新定义。

定义 4.12 SHFPN 可以表示为一个 6 元组：

$$\text{SHFPN}=(P,T;F,K,W,M_0) \tag{4-1}$$

其中：

(1) $P=P_S\cup P_H\cup P_M$表示有限库所对象集，$P_S=\{P_{S1},P_{S2},\cdots,P_{Sa}\}$表示软件故障集合，$|P_S|=a$；$P_H=\{P_{H1},P_{H2},\cdots,P_{Hb}\}$表示硬件故障集合，$|P_H|=b$；$P_M=\{P_{M1},P_{M2},\cdots,P_{Mc}\}$表示故障模式的集合，$|P_M|=c$；$|P|=n=a+b+c$ 为集合 P 中库所对象的个数。

(2) $T=\{t_1,t_2,\cdots,t_m\}$表示有限变迁对象集，m 为变迁对象的个数。T 中包含了两类变迁：软件引发的变迁和硬件引发的变迁。对 $t\in T$，$\exists p\in P_S$，使得 $p\in{}^{\cdot}t$，则称 t 为软件故障事件，记为 $t\in T_S$；对 $t\in T$，$\exists p\in P_H$，使得 $p\in{}^{\cdot}t$，则称 t 为硬件故障事件，记为 $t\in T_H$；对 $t\in T$，$\exists p_1\in P_H\ \exists p_2\in P_S$，使得 $p_1,p_2\in{}^{\cdot}t$，则称 t 为软硬件故障事件，记为 $t\in T_C$。则有：$T=T_H\cup T_S$，$T_C=T_H\cap T_S$。

(3) $F=(P\times T)\cup(T\times P)$表示 $P\rightarrow T$ 或 $T\rightarrow P$ 的弧对象集合，是 SHFPN 上的流关系。

(4) $K:P\rightarrow\{0,1\}$，是库所的容量函数；通常对故障和故障模式而言，只可能存在两种状态：发生或未发生。因此，规定每一个库所对象 Token 容量不大于 1，即每个库所对象至多包含 1 个 Token，表示库所对象是否发生的命题事件。

(5) W 为权函数，且 $W(p,t)\equiv 1$。

(6) M_0为初始标识，表示最初的故障状态。

SHFPN 是用 Petri 网描述的故障逻辑关系模型，既表示了故障和故障模式之间的因果关系，同时也体现了故障形成的过程，比故障树模型更为直观和有效。

Petri 网的优点之一是可用图形方式直观地表示，为了区分 SHFPN 中的库所和变迁，本书采用了如图 4.1 所示的图形化描述形式。

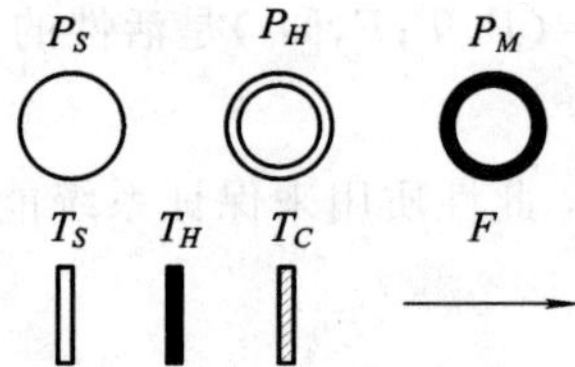

图 4.1　SHFPN 的图形化描述形式

图 4.2 给出了一个简单的 SHFPN，带有黑点的库所表示该库所含有 Token。

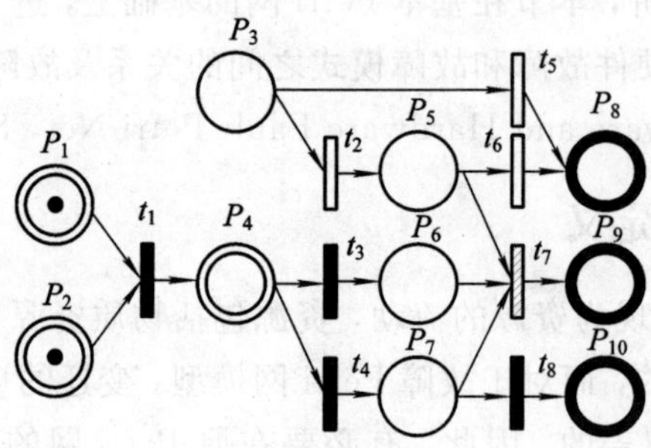

图 4.2　一个简单的 SHFPN

4.3.2　SHFPN 运行规则

SHFPN 的状态由网中库所对象的 Token 分布、变迁对象的状态、正在激发的变迁共同描述，每一库所的标记由驻留在该库所中的 Token 来描述，网中的每一个 Token 描述一个库所对象实例对应的命题事件及其状态。SHFPN 中的 Token 依照变迁发生规则不断地在库所中衍生，这个过程描述了网络的动态特性，也反映了故障信息的产生和传播过程。

1. 变迁激发

SHFPN 的定义表明 $W(p,t)\equiv 1$，因此，只要变迁的所有输入库所中含有一个Token，则该变迁就有可能激发。

定义 4.13　(变迁发生条件)在 SHFPN 中，t 在 M 下有发生权的条件是：

$$\forall p \in {}^{\cdot}t : M(p) \geqslant 1 \tag{4-2}$$

定义 4.14　(变迁发生结果)在 SHFPN 中，若 $M[t>M'$，则 $\forall p \in P$：

$$M'(p)=\begin{cases} M(p) & p \in {}^{\cdot}t \\ M(p)+1 & p \in t^{\cdot} \end{cases} \tag{4-3}$$

在 SHFPN 中，变迁激发后其输入库所中 Token 数并不发生变化，表明故障一旦发生，是不随故障事件的激发而变化的，从而符合故障的传播特性。

2. 冲突处理

SHFPN 描述的是故障的传播过程，其变迁的激发并非资源的流动，而是故障信息的衍生。由于故障是可以共享和叠加的，因此 SHFPN 是无冲突、无冲撞和无资源竞争的过程，这与传统的 Petri 网有本质的区别。在图 4.2 所示的 SHFPN 中，变迁 t_3、t_4不存在冲突，P_4的故障信息可同时通过激发 t_3和 t_4而传递；P_8也不存在冲撞，t_5、t_6两者中任何一个激发都可以将故障信息传递给 P_8。

4.3.3 SHFPN 性质分析

SHFPN 主要改变了变迁发生规则和冲突处理机制，其性质可由自身定义及 Petri 网的基本性质推导出。

1. 基本性质

可达性：SHFPN 具有 Petri 网的变迁激发机制，因此满足可达性分析的要求。

可逆性：SHFPN 是不可逆的。从 SHFPN 的含义可知，故障传播最终以系统失效而结束，也就是以故障模式为终点，而有些故障模式是无后集的，也就是说，$M=R(M)$且 $M_0\notin R(M)$，不满足可逆的条件。

安全性：SHFPN 是安全的，因为从其定义可知，$W(p,t)\equiv 1$。

活性：SHFPN 是活的。从 SHFPN 定义和运行规则可知，故障信息是可以叠加的，因此$\forall t\in T$，$\forall M\in R(M_0)$，$\exists M'\in R(M)$，使得 $M'[t>$。SHFPN 的活性也说明其不存在死锁。

2. 传播性

故障可以从一个故障模块传播到另一个故障模块，体现在 SHFPN 上就是变迁前集中的所有库所都含有一个 Token，引起该变迁发生，并使得变迁后集中的所有库所都含有一个 Token。为了描述故障传播过程和路径，给出如下定义。

定义 4.15 在 SHFPN 中，如果$\exists t\in T$，使 $M[t>M'$，则称故障通过 t 从$^{\cdot}t$ 传播到 $t^{\cdot}$，表示为 $M(^{\cdot}t)\xrightarrow{t}M'(t^{\cdot})$。

定义 4.16 在 SHFPN 中，如果$\exists t_1, t_2, \cdots, t_k$，$\exists M_1, M_2, \cdots, M_{k+1}$，且使得 M_{k+1}从 M_1是可达的，也即 $M_1[t_1>M_2[t_2>\cdots M_k[t_k>M_{k+1}$，则称故障可从$^{\cdot}t_1$传播到 $t_k^{\cdot}$，记为

$$M_1(^{\cdot}t_1)\xrightarrow{\sigma}M_{k+1}(t_k^{\cdot}) \tag{4-4}$$

其中，$\sigma=t_1, t_2, \cdots, t_k$称为故障传播路径，$^{\cdot}t_1$称为故障原因，$t_k^{\cdot}$ 称为故障结果。

SHFPN 的传播性定义在可达性的基础上，体现了 SHFPN 的行为特性；同时，故障之间的传播又指出了 SHFPN 中库所之间存在的因果关系，体现了 SHFPN 结构上的特点。

利用故障的传播性可以分析故障与故障模式之间存在的关系。故障模式是故障的外在表现形式，是故障引发系统失效后的可见故障现象。从故障的产生到故障模式的形成需要一系列的过程，利用 SHFPN 的传播性可以分析出故障的原因和传播路径，从而对软硬件故障模式进行准确的分析。

4.4 软硬件故障模式

软硬件故障是软件和硬件相互作用而形成的复杂故障，是与故障过程密切相关的，这就表明不能简单地将一个软件故障或硬件故障视为软硬件故障。系统发生软硬件故障后，

观测到的是软硬件故障所引发的现象，对应于描述该现象的故障模式。因此，可以从SHFPN中的故障模式集上识别出软硬件故障模式，利用故障模式的形成过程，分析出软硬件故障原因及过程。为了准确地分析软硬件故障模式，下面给出软硬件故障模式的形式化定义。

4.4.1 软硬件故障模式定义

定义4.17 在SHFPN中，对于 $p\in P_M$，如果存在 $t\in {}^{\cdot}p$，并且 $t\in T_S\wedge t\notin T_C$，则称 p 为软件故障模式，即 $p\in P_{MS}$。

定义4.18 在SHFPN中，对于 $p\in P_M$，如果存在 $t\in {}^{\cdot}p$，并且 $t\in T_H\wedge t\notin T_C$，则称 p 为硬件故障模式，即 $p\in P_{MH}$。

图4.3(a)、(d)、(f)、(g)中的故障模式为软件故障模式，图4.3(b)、(d)、(e)、(g)为硬件故障模式，图4.3(c)中，尽管软件和硬件都是故障模式的直接原因，但由于该变迁是软硬件故障事件，并非单纯的软件故障事件或硬件故障事件，因而其所表示的故障模式既非软件故障模式也非硬件故障模式。

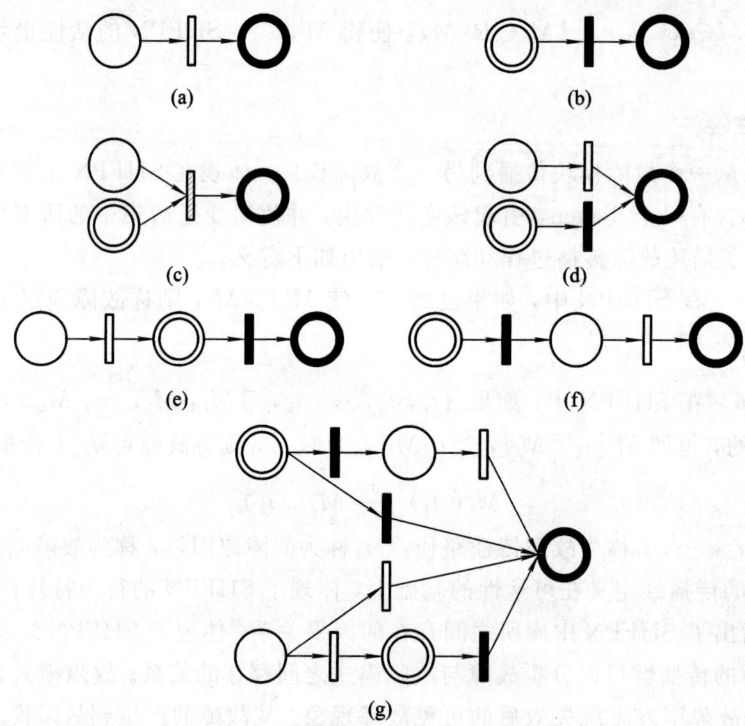

图4.3 SHFPN表达的故障模式

定义4.19 在SHFPN中，对于 $p\in P_M$，存在 $t\in {}^{\cdot}p$，如果存在变迁序列 $\sigma=t_1,t_2,\cdots t_k,t$，同时满足如下3个条件：

(1) ${}^{\cdot}\sigma\subseteq P_S\cup P_H$；

(2) ${}^{\cdot}\sigma\cap P_S\neq\varnothing\wedge{}^{\cdot}\sigma\cap P_H\neq\varnothing$；

(3) 从 σ 的任意位置 i 及其后的所有变迁构成的新变迁序列 σ_i，都存在不同的标识 M

和M'，使得$M(^{\cdot}t_i)\xrightarrow{\sigma_i}M'(t^{\cdot})$成立。

则称 p 为软硬件故障模式，即 $p\in P_{MC}$。其中，σ 为软硬件故障传播路径，$^{\cdot}\sigma$ 是指其序列中所有变迁的前集，也就是软硬件故障模式的故障原因集。

图 4.3(c)、(e)、(f)、(g)都是软硬件故障模式。图 4.3(c)代表软件故障和硬件故障直接引发的软硬件故障模式；图 4.3(e)、(f)表示的是故障在软件和硬件中交叉传播所形成的软硬件故障模式；图 4.3(g)则表示一种存在复杂形成机制的软硬件故障模式。

作为软硬件故障的外在表现形式，软硬件故障模式与软件故障和硬件故障都存在直接或间接关系，但是，并非所有的与软件故障和硬件故障相关的故障模式都是软硬件故障模式，即 $P_{MC}\neq P_{MH}\cap P_{MS}$。例如图 4.3(d)，尽管该故障模式和软件故障和硬件故障都相关，但由于不存在软硬件交互，因此并非软硬件故障模式。

从软硬件故障模式的定义可以看出，软硬件故障的交叉传播使得系统故障呈现软件故障和硬件故障共有的现象，从而无法判断出故障的原因是软件还是硬件，这是软硬件故障的突出特点。进而言之，软硬件故障模式本质上是软件和硬件的共同作用和故障的交叉传播导致故障成因多样化的一种复杂故障模式，分析软硬件故障模式时，不仅要分析故障的软件和硬件，更需要分析故障的传播过程。

4.4.2 软硬件故障模式识别

为了进行软硬件故障的分析，通常需要知道给定的 SHFPN 中哪些故障模式是软硬件故障模式。由定义 4.19 可知，要识别某个故障模式是否是软硬件故障模式，需要建立传播路径和故障集，以及这些传播路径可以引发的一组状态标识集，再根据 SHFPN 的运行结果来判断所形成的故障模式是否是软硬件故障模式。由于这些标识集不是唯一的，而且不同的初始标识会产生不同的标识集和运行结果，因此根据其定义来动态验证软硬件故障模式存在较大的难度。前面分析了 SHFPN 的运行规则和性质，其不存在冲突和冲撞，并且 SHFPN 是活的，因此，SHFPN 图形结构上的可达性和 Petri 网的可达性在表达故障传递方面是一致的。这就说明，可以从图形分析上寻找软硬件故障模式的识别方法，本节提出了基于关联矩阵的软硬件故障模式识别算法。

定义 4.20 对于 SHFPN，$|P|=n$，$|T|=m$，定义 SHFPN 的关联矩阵为

$$A=[a_{ij}]_{n\times m} \tag{4-5}$$

其中：

$$a_{ij}=\begin{cases}1 & (t_j,p_i)\in F\\ -1 & (p_i,t_j)\in F\\ 0 & \text{其他}\end{cases}$$

对于 SHFPN 而言，库所和事件相当于顶点，而关联矩阵存储的流关系则相当于有向图中的边，搜索关联矩阵所表达的有向图，就可以找到引发故障模式的所有故障，从而判别软硬件故障模式。软硬件故障模式的定义表明，并非所有的与软件故障和硬件故障相关的故障模式都是软硬件故障模式，映射在 SHFPN 结构上就是，即使存在软件故障到故障模式和硬件故障到故障模式的故障传播路径，也不能认定该模式就是软硬件故障模式，例如图 4.3(d)。实际上，图 4.3(c)、(e)、(f)给出了符合软硬件故障模式的 3 类基本结构，软

硬件故障模式的传播路径上都存在满足上述 3 个条件中的任何一个的变迁。

推论 4.1 如果 $p\in P_{MC}$，那么在 p 的传播路径上存在 t，其至少满足下列 3 个条件中的一个：

(1) $^{\cdot}t\cap P_S\neq\varnothing\wedge{}^{\cdot}t\cap P_H\neq\varnothing$

(2) $^{\cdot}t\cap P_S\neq\varnothing\wedge t^{\cdot}\cap P_H\neq\varnothing$

(3) $^{\cdot}t\cap P_H\neq\varnothing\wedge t^{\cdot}\cap P_S\neq\varnothing$

证明：采用反证法，假设 p 的传播路径 $\sigma=t_1,t_2,\cdots,t_k$ 中不存在满足上述条件的 t。由于 $\sigma=t_1,t_2,\cdots,t_k$ 是 p 的传播路径，$^{\cdot}\sigma\cap P_S\neq\varnothing\wedge{}^{\cdot}\sigma\cap P_H\neq\varnothing$，则 σ 中存在两个变迁 t_i、t_j，使得 $^{\cdot}t_i\cap P_S\neq\varnothing$，并且 $^{\cdot}t_j\cap P_H\neq\varnothing$。

如果 $t_i\neq t_j$，假设 t_i 在 t_j 前，由于 $^{\cdot}t_i\cap P_S\neq\varnothing$，并且 t_i 不满足条件(2)，则 $t_i^{\cdot}\cap P_H=\varnothing$；因为 $t_i^{\cdot}={}^{\cdot}t_{i+1}$，所以 $^{\cdot}t_{i+1}\cap P_H=\varnothing$，又因为 $^{\cdot}\sigma\subseteq P_S\cup P_H$，$^{\cdot}t_{i+1}\subseteq P_S\cup P_H$，所以 $^{\cdot}t_{i+1}\cap P_S\neq\varnothing$；以此类推，$\sigma$ 中 t_i 后的所有变迁 t_l 都满足 $^{\cdot}t_l\cap P_S\neq\varnothing$，$t_j$ 在 σ 中，且位于 t_i 后，也就是说 $^{\cdot}t_j\cap P_S\neq\varnothing$，结合前面的假设，有 $^{\cdot}t_j\cap P_S\neq\varnothing\wedge{}^{\cdot}t_j\cap P_H\neq\varnothing$，$t_j$ 符合条件(2)，这就表明推出了矛盾的结果。如果 $t_i=t_j$，那么有 $^{\cdot}t_i\cap P_S\neq\varnothing\wedge t_i^{\cdot}\cap P_H\neq\varnothing$，$t_i$，符合条件(1)，同样也推出了矛盾的结果。

综上所述，假设是错误的，也就是说，在 p 的传播路径上存在 t，其至少满足上述 3 个条件中的一个。

推论 4.1 表明，验证一个故障模式是否是一个软硬件故障模式，只需要搜索该故障模式的传播路径上存在满足推论 4.1 中条件的变迁。这样，就将软硬件故障模式的识别问题转化为对传播路径上变迁性质的判定问题。

在上述讨论基础上，图 4.4 给出了软硬件故障模式识别算法。

Input：$P=P_S\cup P_H\cup P_M$，$A_{n\times m}$

Output：P_{MC}

Step 1：$P_{MC}\leftarrow\varnothing$

Step 2：*Reviewed_t*←∅

Step 3：*Reviewed_p*←∅

Step 4：for eachp_i in P_M

Step 5：　*SHFM*←*false*

Step 6：　for $j=1$ to n

Step 7：　　if A[i,j]=1 and j not in *Reviewed_t*

Step 8：　　　if Matrix_Search (A,j,col) then *SHFM*←*true*

Step 9：　if *SHFM*

Step 10：　　$P_{MC}\leftarrow P_{MC}\cup\{p_i\}$

Procedure Matrix_Search ($A,x,flag$)

Step 1：if *flag* is *row*

Step 2：　for $i=1$ to n

Step 3: if $A[x,i]=1$ and i not in *Reviewed_t*
Step 4:   if Matrix_Search (A,i,col) then return true
Step 5: *Reviewed_p*=*Reviewed_p*$\cup\{x\}$
Step 6: if *flag* is *col*
Step 7: $Temp\_p_1 \leftarrow \varnothing$
Step 8: $Temp\_p_2 \leftarrow \varnothing$
Step 9: *issoftwarefault*← *false*
Step 10: *ishardwarefault*← *false*
Step 11: for $i=1$ to m
Step 12:   if $A[i,x]=1$ then $Temp\_p_1 \leftarrow Temp\_p_1 \cup \{i\}$
Step 13:   if $A[i,x]=-1$ then $Temp\_p_2 \leftarrow Temp\_p_2 \cup \{i\}$
Step 14: for each $Temp\_p_1[k] in Temp\_p_1$
Step 15:   if $P[Temp_p_1[k]]$is in P_S then *issoftwarefault*← *true*
Step 16:   if $P[Temp_p_1[k]]$is in P_H then *ishardwarefault*← *true*
Step 17: if *issoftwarefault* and *ishardwarefault* then return true
Step 18: else if *issoftwarefault*
Step 19:   for each $Temp\_p_2[k]$ in $Temp\_p_2$
Step 20:   if $P[Temp_p_2[k]]$is in P_H then return true
Step 21: else if *ishardwarefault*
Step 22:   for each $Temp\_p_2[k]$ in *Temp_p2*
Step 23:   if $P[Temp\_p_2[k]]$ is in P_S then return true
Step 24: delete $Temp\_p_2[k]$ in $Temp\_p_2$ which are in *Reviewed_p*
Step 25: *Reviewed_t*=*Reviewed_t*$\cup\{x\}$
Step 26: for each $Temp\_p_2[k]$ in $Temp\_p_2$
Step 27:   Matrix_Search$(A, Temp_p_2[k], row)$
Step 28: return false

图 4.4 软硬件故障模式识别算法

该算法的目标是找出给定故障模式集 P_M中的软硬件故障模式集 P_{MC}，其主要思想是：对于 P_M中的每个故障模式，找出其直接的前集，搜索每个前集所构成的传播路径上是否存在满足推论 4.1 中条件的变迁，若存在，则表明该故障模式为软硬件故障模式。算法中，Matrix _Search 为搜索函数，采用递归的方式按照传播路径相反的方向进行搜索。搜索过程包括行搜索和列搜索，两者交叉进行，行对应于库所，列则对应于变迁，只有在列搜索时才判断该变迁是否满足推论 4.1 中的条件。为了防止重复搜索，采用 *Reviewed_t* 和 *Reviewed_p* 记录已经搜索过的变迁和库所。同时，在搜索到满足推论 4.1 中条件的变迁后，采用 *return* 语句返回上层递归，避免继续进行搜索而增加额外的时间。

该算法的时间复杂度取决于故障模式集的大小和关联矩阵的大小，假设 $|P_M|=n_1$，在最坏的情况下，需要对关联矩阵中的行(不包含故障模式集对应的 n_1行)和列都搜索一次，则算法的时间复杂度为 $O(n_1(n-n_1+m))$。

对于图 4.2 中 SHFPN，其构成的关联矩阵为

$$A_1=\begin{bmatrix} -1 & 0 & 0 & 0 & 0 & 0 & 0 & 0 \\ -1 & 0 & 0 & 0 & 0 & 0 & 0 & 0 \\ 0 & -1 & 0 & 0 & -1 & 0 & 0 & 0 \\ 1 & 0 & -1 & -1 & 0 & 0 & 0 & 0 \\ 0 & 1 & 0 & 0 & 0 & -1 & -1 & 0 \\ 0 & 0 & 1 & 0 & 0 & 0 & -1 & 0 \\ 0 & 0 & 0 & 1 & 0 & 0 & -1 & -1 \\ 0 & 0 & 0 & 0 & 1 & 1 & 0 & 0 \\ 0 & 0 & 0 & 0 & 0 & 0 & 1 & 0 \\ 0 & 0 & 0 & 0 & 0 & 0 & 0 & 1 \end{bmatrix}$$

算法的执行结果为 $P_{MC}=\{P_9\}$，即 P_9 为软硬件故障模式。

4.5 软硬件故障机理分析

4.5.1 软硬件故障机理

故障机理研究故障起因及其发展规律，揭示故障本质，分析故障形成过程。对于一个硬件设备，故障机理是系统发生故障的物理变化、化学变化及机械变化的过程。而对于软硬件故障而言，其故障机理则是指软硬件故障的产生和传播过程。

故障模式是故障的外在表现形式，相当于医学上的病状，而故障机理则是形成故障的原因和过程，如同医学上的病理。对软硬件故障而言，由于其形成过程复杂，分析其故障机理，不仅需要从直观上分析故障的原因，还需要深层次地分析软件故障和硬件故障交互引发软硬件故障的过程。前面建立的软硬件故障模型 SHFPN 提供了软件故障和硬件故障的内在联系，因此可以在 SHFPN 的基础上分析软硬件故障机理。

4.5.2 故障机理分析算法

软硬件故障机理分析的目标是对于给定的软硬件故障，分析能引发该故障的原因和故障过程。也就是说，找出能引发软硬件故障模式的原因，以及故障的传播路径。映射到 SHFPN 上，就是找出所有与该库所可达的无前集的库所，以及该库所可引发的变迁序列。

基于上述分析，本章提出了基于关联矩阵的软硬件故障机理分析方法，其主要思想是：采用反向搜索法，每次搜索一层变迁集和库所，为引发该库所的每个变迁增加一个故障集，存储该变迁的前集(库所)，再在该前集的库所上重复上述步骤，直到每个存储的库所都是没有前集的库所为止，中间所经过的变迁集就是传播路径。

根据上述思想形成了软硬件故障机理分析算法，如图 4.5 所示。其中，P_a 是需要分析的软硬件故障模式，C 用于存储故障原因，R 用于存储故障过程。算法首先获得给定软硬件故障模式 P_a 的故障事件，每个故障事件对应于一条故障路径，因此调用递归函数 Cause_Search 进行查找。Cause_Search 中，x 为需要搜索的变迁在关联矩阵中的列编号，y 为已经搜索到的库所在关联矩阵中的行编号。*Curent_C* 用于记录当前搜索路径上的故障原因集，*Curent_R* 用于记录当前的搜索路径。Cause_Search 首先查找 x 的前集 *Temp_p*，并用

其替代 $Curent\_C$ 中的 y，得到更新的故障原因集 $Curent\_C$；然后查询 $Temp\_p$ 中的元素 k 的前集 $Temp\_t$。如果 $Temp\_t$ 为空，则表示 k 无前集，也就是根原因，则不需要继续搜索；如果 $Temp\_t$ 只有一个元素，则沿该元素继续往下递归搜索；如果 $Temp\_t$ 中有多个元素，则表示该库所存在 t_num 个可到达的变迁，也就是说存在 t_num 条可以传播故障的路径，则需要动态的将该路径转化为 t_num 条路径继续进行递归搜索。由于一个变迁可能引发多个库所，而这些库所也有可能都是所分析故障模式的传播路径，这样在搜索时可能对某个变迁进行多次搜索，而得到冗余的故障原因集。为此，用 $Reviewed\_p$ 记录已经搜索到的故障原因集，在每条搜索路径中，$Reviewed\_p$ 中保存的库所将不加入到故障原因集，这样可以避免对该库所进行重复搜索。

```
Input：P=P_S∪P_H∪P_M，P_a(P_a∈P_MC)，A_{n×m}
Output：C，R
Step 1：C←∅
Step 2：R←∅
Step 3：l=0
Step 4：for j=1 to n
Step 5：    if A[a,j]=1
Step 6：        l=l+1
Step 7：        Add a fault set C_l into C
Step 8：        Add a fault path R_l into R
Step 9：        Cause_Search(A,j,a,C_l,R_l,∅)
Procedure Cause _Search (A,x,y,Curent_C,Curent_R,Reviewed_p)
Step 1：Temp_p←∅
Step 2：for i=1 to m
Step 3：    if A[i,x]=-1 and i are not in Reviewed_p
Step 4：        Temp_p=Temp_p∪{i}
Step 5：if the number of Temp_p>0 then
Step 6：    replace the y in Curent_C by Temp_p
Step 7：    Reviewed_p=Reviewed_p∪Temp_p
Step 8：    insert x into Curent_R as the first element
Step 9：for each element k in Temp_p
Step 10：    Temp_t←∅
Step 11：    for r=1 to n
Step 12：        if A[k,r]=1
Step 13：            Temp_t=Temp_t∪{r}
Step 14：    t_num←the number of Temp_t
Step 15：    if t_num=0
Step 16：    if t_num=1
Step 17：        Cause _Search (A,Temp_t,k,Curent_C,Curent_R,Reviewed_p)
Step 18：    if t_num>1
Step 19：        for s=1 to the number of Temp_t
Step 20：        Add a fault set Branch_C[s] based on Curent_C into C
```

Step 21:　　Add a fault path $Branch\_R[s]$ based on $Curent\_R$ into R

Step 22:　　Cause_Search($A,s,k,Branch\_C[s],Branch\_R[s],Reviewed\_p$)

Step 23:　delete $Curent\_C$

Step 24:　delete $Curent\_R$

图 4.5　软硬件故障机理分析算法

该算法的时间复杂度取决于故障原因集的大小，设生成的故障原因数量为$|C|=q$，在最坏的情况下，每得到一个故障原因需要搜索所有的变迁，因此算法的时间复杂度为$O(nq)$。

对于图 4.2 中 SHFPN，利用上述算法对软硬件故障 P_9进行故障机理分析，得到的结果是：$C_1=(P_3,P_1,P_2)$，$R_1=(t_1,t_2,t_3,t_4,t_7)$。$C_1$表明其故障原因，$R_1$为故障传播路径，当前只有一条故障传播路径。

4.6　实例分析

4.6.1　实例介绍

为验证上述模型和算法的有效性，下面以某典型设备为例进行实验。

1. 获取故障模式

通过收集和分析装备的故障数据，得到两种主要的故障模式：

P_{M1}：按键后未显示正常的操作界面；

P_{M2}：输入类型，在目的地址正确的情况下，发送报文，系统提示呼叫发送失败。

2. 分析故障集及故障事件集

依据典型设备结构和故障知识，得到与故障模式 P_{M1}、P_{M2}相关的硬件故障和事件集如表 4.1 所示。

表 4.1　硬件故障和事件集

故障	故 障 描 述	故障事件	事 件 描 述
P_{H1}	键盘的键位断路	t_1	按键没有输出键值
P_{H2}	键盘的键位短路	t_2	按键后输出错误的键值
P_{H3}	键盘接口故障	t_3	触发中断，输出错误的键值
		t_4	触发中断，无键值
P_{H4}	LCD 电路故障	t_5	未执行显示
P_{H5}	LCD 接口故障	t_6	输出错误的数据
		t_7	无数据输出
P_{H6}	数据发送接口故障	t_8	输出错误的数据
		t_9	无数据输出
P_{H7}	数据接收接口故障	t_{10}	输入错误的数据
		t_{11}	无数据输入

同理，得到与故障模式 P_{M1}、P_{M2}相关的软件故障和事件集如表 4.2 所示。

表 4.2　软件故障和事件集

故障	故障描述	故障事件	事件描述
P_{S1}	键盘扫描程序故障	t_{12}	程序执行出错
P_{S2}	错误键值导致键盘扫描程序故障	t_{13}	程序执行出错
		t_{14}	程序执行传递错误的数据
P_{S3}	主程序故障	t_{15}	程序执行出错
P_{S4}	因键盘扫描程序的数据而导致主程序故障	t_{16}	程序执行出错
		t_{17}	程序执行传递错误的数据
P_{S5}	主程序调用显示程序显示错误的数据	t_{18}	输出错误的数据
P_{S6}	主程序调用数据发送程序发送错误的数据	t_{19}	输出错误的数据
P_{S7}	因错误的接收数据而导致主程序故障	t_{20}	程序执行出错
		t_{21}	执行错误的显示
P_{S8}	显示程序执行错误	t_{22}	无数据显示
P_{S9}	因错误的显示数据而导致显示程序故障	t_{23}	程序执行出错
		t_{24}	显示错误的数据
P_{S10}	数据发送程序执行错误	t_{25}	未发送数据
P_{S11}	因错误的发送数据而导致数据发送程序故障	t_{26}	程序执行出错
		t_{27}	程序执行传递错误的数据

3. 建立软硬件故障 Petri 网模型

根据上述故障和事件集建立 SHFPN 模型，如图 4.6 所示。

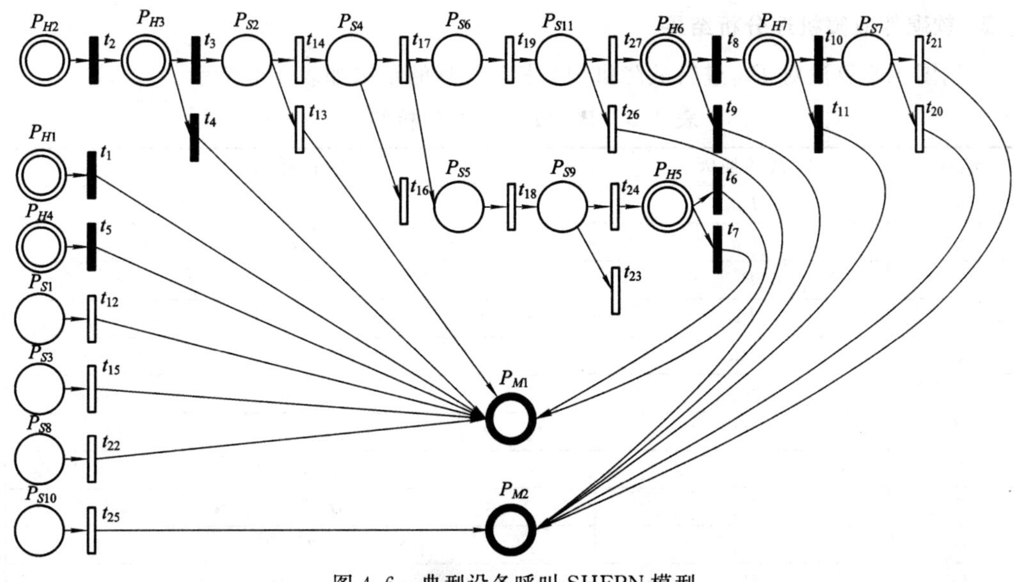

图 4.6　典型设备呼叫 SHFPN 模型

4. 建立关联矩阵

根据典型设备呼叫 SHFPN 模型，得到关联矩阵，如下所示：

$$
\begin{bmatrix}
-1 & 0 & 0 & 0 & 0 & 0 & 0 & 0 & 0 & 0 & 0 & 0 & 0 & 0 & 0 & 0 & 0 & 0 & 0 & 0 & 0 & 0 & 0 & 0 & 0 & 0 & 0 \\
0 & -1 & 0 & 0 & 0 & 0 & 0 & 0 & 0 & 0 & 0 & 0 & 0 & 0 & 0 & 0 & 0 & 0 & 0 & 0 & 0 & 0 & 0 & 0 & 0 & 0 & 0 \\
0 & 1 & -1 & -1 & 0 & 0 & 0 & 0 & 0 & 0 & 0 & 0 & 0 & 0 & 0 & 0 & 0 & 0 & 0 & 0 & 0 & 0 & 0 & 0 & 0 & 0 & 0 \\
0 & 0 & 0 & 0 & -1 & 0 & 0 & 0 & 0 & 0 & 0 & 0 & 0 & 0 & 0 & 0 & 0 & 0 & 0 & 0 & 0 & 0 & 0 & 0 & 0 & 0 & 0 \\
0 & 0 & 0 & 0 & 0 & -1 & -1 & 0 & 0 & 0 & 0 & 0 & 0 & 0 & 0 & 0 & 0 & 0 & 0 & 0 & 0 & 0 & 0 & 1 & 0 & 0 & 0 \\
0 & 0 & 0 & 0 & 0 & 0 & 0 & -1 & -1 & 0 & 0 & 0 & 0 & 0 & 0 & 0 & 0 & 0 & 0 & 0 & 0 & 0 & 0 & 0 & 0 & 0 & 0 \\
0 & 0 & 0 & 0 & 0 & 0 & 0 & 1 & 0 & -1 & -1 & 0 & 0 & 0 & 0 & 0 & 0 & 0 & 0 & 0 & 0 & 0 & 0 & 0 & 0 & 0 & 0 \\
0 & 0 & 0 & 0 & 0 & 0 & 0 & 0 & 0 & 0 & 0 & -1 & 0 & 0 & 0 & 0 & 0 & 0 & 0 & 0 & 0 & 0 & 0 & 0 & 0 & 0 & 0 \\
0 & 0 & 1 & 0 & 0 & 0 & 0 & 0 & 0 & 0 & 0 & 0 & -1 & -1 & 0 & 0 & 0 & 0 & 0 & 0 & 0 & 0 & 0 & 0 & 0 & 0 & 0 \\
0 & 0 & 0 & 0 & 0 & 0 & 0 & 0 & 0 & 0 & 0 & 0 & 0 & 0 & -1 & 0 & 0 & 0 & 0 & 0 & 0 & 0 & 0 & 0 & 0 & 0 & 0 \\
0 & 0 & 0 & 0 & 0 & 0 & 0 & 0 & 0 & 0 & 0 & 0 & 0 & 1 & 0 & -1 & -1 & 0 & 0 & 0 & 0 & 0 & 0 & 0 & 0 & 0 & 0 \\
0 & 0 & 0 & 0 & 0 & 0 & 0 & 0 & 0 & 0 & 0 & 0 & 0 & 0 & 0 & 0 & 1 & -1 & 0 & 0 & 0 & 0 & 0 & 0 & 0 & 0 & 0 \\
0 & 0 & 0 & 0 & 0 & 0 & 0 & 0 & 0 & 0 & 0 & 0 & 0 & 0 & 0 & 0 & 1 & 0 & -1 & 0 & 0 & 0 & 0 & 0 & 0 & 0 & 1 \\
0 & 0 & 0 & 0 & 0 & 0 & 0 & 0 & 0 & 1 & 0 & 0 & 0 & 0 & 0 & 0 & 0 & 0 & 0 & -1 & -1 & 0 & 0 & 0 & 0 & 0 & 0 \\
0 & 0 & 0 & 0 & 0 & 0 & 0 & 0 & 0 & 0 & 0 & 0 & 0 & 0 & 0 & 0 & 0 & 0 & 0 & 0 & 0 & -1 & 0 & 0 & 0 & 0 & 0 \\
0 & 0 & 0 & 0 & 0 & 0 & 0 & 0 & 0 & 0 & 0 & 0 & 0 & 0 & 0 & 0 & 0 & 1 & 0 & 0 & 0 & 0 & -1 & -1 & 0 & 0 & 0 \\
0 & 0 & 0 & 0 & 0 & 0 & 0 & 0 & 0 & 0 & 0 & 0 & 0 & 0 & 0 & 0 & 0 & 0 & 0 & 0 & 0 & 0 & 0 & 0 & -1 & 0 & 0 \\
0 & 0 & 0 & 0 & 0 & 0 & 0 & 0 & 0 & 0 & 0 & 0 & 0 & 0 & 0 & 0 & 0 & 0 & 1 & 0 & 0 & 0 & 0 & 0 & 0 & -1 & -1 \\
1 & 0 & 0 & 1 & 1 & 1 & 1 & 0 & 0 & 0 & 0 & 1 & 1 & 0 & 1 & 1 & 0 & 0 & 0 & 0 & 0 & 1 & 1 & 0 & 0 & 0 & 0 \\
0 & 0 & 0 & 0 & 0 & 0 & 0 & 0 & 1 & 0 & 1 & 0 & 0 & 0 & 0 & 0 & 0 & 0 & 0 & 1 & 1 & 0 & 0 & 0 & 1 & 1 & 0
\end{bmatrix}
$$

4.6.2 结果与分析

1. 软硬件故障模式识别结果

采用图 4.4 算法识别故障模式可得到：$P_{MC}=\{P_{M1}, P_{M2}\}$。

从 P_{M1}、P_{M2} 故障现象来看，其故障原因可能是软件故障，也可能是硬件故障，不能简单将故障原因归结于软件或硬件。故障识别结果则表明了两种故障模式都受软件和硬件交互的影响，故障过程与软件故障和硬件故障都相关。

2. 软硬件故障机理分析结果

采用图 4.5 算法对 P_{M1} 进行故障机理分析，得到的结果如表 4.3 所示。

表 4.3 P_{M1} 故障机理分析结果

编号	故障原因	故障传播路径
1	P_{H1}	t_1
2	P_{H4}	t_5
3	P_{S1}	t_{12}
4	P_{S3}	t_{15}
5	P_{S8}	t_{22}
6	P_{H2}	t_2, t_4
7	P_{H2}	t_2, t_3, t_{13}
8	P_{H2}	t_2, t_3, t_{14}, t_{16}
9	P_{H2}	$t_2, t_3, t_{14}, t_{17}, t_{18}, t_{23}$
10	P_{H2}	$t_2, t_3, t_{14}, t_{17}, t_{18}, t_{24}, t_7$
11	P_{H2}	$t_2, t_3, t_{14}, t_{17}, t_{18}, t_{24}, t_6$

表 4.3 结果表明，P_{M1}是一种复杂的软硬件故障，有 11 种可能的故障途径。1～5 是独立的故障原因及故障事件，其可以产生 P_{M1}代表的故障模式。6～11 则代表了复杂故障传播过程，尽管故障原因一样，但是故障传播路径不一样，因此其形成机理也就不一样。例如，7 表示的是按键后输出错误的键值经过接口传播到软件导致键盘扫描程序故障，使系统失效；11 表示的是上述过程并没有引发系统失效，而是继续传播到主程序和显示程序，直到显示错误的结果而引发系统的失效。也就表明，尽管两者是相同的故障模式及故障原因，但失效的位置不同会导致故障传播路径不一样，因此代表不同的故障机理。

采用图 4.5 算法对 P_{M2}进行故障机理分析，得到的结果如表 4.4 所示。

表 4.4　P_{M2}故障机理分析结果

编号	故障原因	故障传播路径
1	P_{S10}	t_{25}
2	P_{S3}	t_{15}
3	P_{H2}	$t_2, t_3, t_{14}, t_{17}, t_{19}, t_{26}$
4	P_{H2}	$t_2, t_3, t_{14}, t_{17}, t_{19}, t_{27}, t_9$
5	P_{H2}	$t_2, t_3, t_{14}, t_{17}, t_{19}, t_{27}, t_8, t_{11}$
6	P_{H2}	$t_2, t_3, t_{14}, t_{17}, t_{19}, t_{27}, t_8, t_{10}, t_{20}$
7	P_{H2}	$t_2, t_3, t_{14}, t_{17}, t_{19}, t_{27}, t_8, t_{10}, t_{21}$

表 4.4 结果表明，P_{M2}是一种复杂的软硬件故障，有 7 种可能的故障途径。结合表 4.3 可以看出，P_{M2}是在 P_{M1}未出现的情况下系统继续执行而发生的，因此其形成机理比 P_{M1}更为复杂。表 4.3 中的 8 和表 4.4 种的 3 尽管故障原因相同，但故障传播路径不同，这就表明，相同的故障原因在不同软硬件故障机理下会形成不同的软硬件故障模式，不同的软硬件故障模式具有其特殊的软硬件故障机理。

上述实验结果表明，利用软件故障、硬件故障和故障模式建立的 SHFPN 模型能描述软件故障和硬件故障的相互作用方式。对于任何已知的故障模式，可以根据 SHFPN 建立其与软件故障集和硬件故障集的内在联系，从而识别其是否是软硬件故障模式；对于确定的软硬件故障模式，则可以通过故障机理分析算法分析出故障的原因及形成过程。由此可见，SHFPN 模型和形成的算法可以为软件密集型装备软硬件故障的分析提供有效的手段。

第5章　基于形式化方法的软件密集型装备故障划分技术

从理论上来说，每一个软件密集型装备，都存在一个适合于该装备的软件和硬件功能的最佳组合。当装备发生故障时，特别是针对软件、硬件相结合时产生的故障，如何有效地从软件、硬件方面去考虑故障的划分和分析，是软件密集型装备故障诊断面临的一个突出问题。

本章介绍了故障划分的意义和现有的故障划分方法，在此基础上，研究了软硬件故障的划分方法，并利用OTS对划分方法进行了形式化证明，最后用实例描述了故障划分的具体实现过程。

5.1　故障划分问题

5.1.1　故障划分意义

软件密集型装备故障可以考虑分为硬件故障、软件故障和软硬件相互作用产生的故障。软件、硬件及软硬件组合部件自身的特性确定了其诊断方法的不同。故障诊断一般从故障征兆开始，对软件密集型装备来说，要进行精确诊断必须首先判断故障的性质，即粗诊断，确定软硬件故障产生的软件模块、硬件模块及软硬件组合模块的可能故障模式，便于后续故障模式的分析，对故障源进行精确定位。此过程也称为软硬件故障划分。

由于纯硬件、纯软件以及软硬件相互作用所产生的故障机理不同，导致其诊断方法、分析方法不同。通过对系统软硬件故障的划分，可以明确软硬件故障产生的软件模块、硬件模块及软硬件组合模块的可能故障模式。通过对划分结果的分析，可以确定系统的故障分析思路，从而为系统进一步的故障诊断提供理论依据。因此，系统软硬件故障的划分是整个系统的故障分析诊断、可靠性研究的理论基础，对于系统的可靠性研究有着十分重要的意义。

软硬件故障是在软件密集型装备下产生的一种新型故障模式，其中由于软硬件的结合又使得故障形式千变万化，故障诊断也越发困难，远比单纯的软件或者硬件故障要复杂的多。因此，在研究软件密集型装备的可靠性问题时，如何对系统的软硬件故障进行处理，使得传统的纯软件故障、纯硬件故障分析方法能够应用于其中，就显得尤为重要。本章针对典型软件密集型装备典型设备的软硬件故障特点，将其划分为单纯的软件故障、硬件故障及软硬件组合故障。

5.1.2　故障划分方法

目前，已经形成的软、硬件故障方面的划分方法很多，主要有基于多目标遗传算法的划分方法、基于免疫算法的划分方法、基于模拟退火算法的划分方法、基于多路径贪心算法的划分方法，上述方法虽然都有各自的优点，但都是针对某一装备或某一种情况的改进或扩展，因而其局限性也十分明显。各方法的特点总结如下：

(1) 遗传算法虽然具有鲁棒性强、并行处理、全局寻优以及收敛速度快的特点，但其局部搜索能力差，存在早期收敛和随机漫游等现象，导致了算法的收敛能力较差；在变量多、取值范围大或无法给定范围时，收敛速度下降；仅仅可以找到最优解附近，无法精确确定最优解位置。

(2) 免疫算法是对遗传算法的一种改进，虽然解决了遗传算法的收敛速度问题，可以避免陷入局部最优，但遗传算法的其他问题仍然存在，仍然无法精确确定最优解位置。

(3) 模拟退火算法虽然能加快划分的收敛，缩短划分的时间，并能够以较大概率找到最优的值，但由于其侧重了追求系统成本的最小值，忽略了系统的一些性能参数，使得划分结果很难达到全局最优。

(4) 多路径贪心算法从硬件的面积入手实现划分，虽然能有效地求得系统的近似最优解，但由于忽略了系统的其他参数，使得最优解不够完整。

下面以典型设备软硬件故障无线信道数据故障 R 为例，利用上述方法对其进行了划分尝试，得到了其划分结果如表 5.1 所示。

表 5.1　几种划分方法的划分结果

软硬件故障	划分方法	划分结果			划分深度
		软件故障	硬件故障	软硬件组合故障	
无线信道数据不通	基于模拟退火算法的划分	5	6	1	软件、硬件子模块，软硬件组合部件模块
	基于多路径贪心算法的划分	4	8	0	软件程序、硬件子模块
	基于多目标遗传算法的划分	4	6	2	软件、硬件子模块，软硬件组合部件模块
	基于免疫算法的划分	3	7	1	软件、硬件子模块，软硬件组合部件模块

在典型设备中，完成无线信道的数据通信，主要由以下几个环节组成：硬件键盘、无线接口数传板、PC/104 主机板、嵌入式软件执行程序(包括处理参数、数据等)、液晶显示器。

对于上述软硬件故障 R，通过对某单位维修经验的总结，并结合对典型设备的结构及无线信道数据流程分析，实际得到了造成 R 的硬件模块故障事件为 5 个，软件模块故障事件为 8 个，而软硬件组合模块故障事件为 2 个。上述软硬件故障 R 与表 5.1 进行比较，可以看出上述四种方法的划分结果都不是很完整的。而软硬件故障的划分是后续故障分析诊断的依据和理论基础，其关键原则就是要准确、完整，这一点上述几种方法均不能满足。

由于形式化方法属于传统的成熟方法，其优势十分明显。将形式化方法用于典型设备的软硬件故障划分，可以保证划分的正确性和完整性，是一个严格的数学过程，其优点突出体现在：

(1) 数学是准确的分析手段，能够对现象、对象、动作等进行简洁、准确的描述。

(2) 数学支持抽象，使得规格的本质可以被展示出来，并且还可以以一种有组织的方式来表示系统规格中的抽象层次。

(3) 数学提供了高层确认的手段，可以使用数学证明来揭示规格中的矛盾性和不完整性。

鉴于形式化方法的优点，本章在分析典型设备软硬件故障特点的基础上，定义了划分准则，研究了一种基于形式化方法的软硬件故障划分方法。

5.2 软硬件故障形式化的划分

5.2.1 典型设备软硬件故障划分准则

从前面划分的意义可以看出，在软件密集型装备中，当发生软硬件故障时，为了修复故障，定位故障的软件或硬件模块级，必须对其进行有效的划分，以便从软件或硬件方面去考虑故障诊断策略。基于软硬件故障的定义及典型设备中各类故障的特点，本章制定了典型设备中软硬件故障划分的一些基本准则，具体如下：

(1) 在对典型设备结构原理熟悉的基础上，根据故障现象，确定故障类型。

(2) 若为软硬件故障，根据故障征兆，结合典型设备结构原理及通信原理，列出其形式化描述，即确定必然事件集。

(3) 若与故障相关联的硬件设备出现老化、损坏等现象，则属于硬件部分故障，应查找、检修硬件设备，更换硬件元器件。

(4) 若与故障相关联的软件程序出现无法正常启动、无法自检、无法显示等现象，则属于软件部分故障，应查找软件程序，修复软件 BUG、软件潜在错误、程序警告及程序缺陷。

(5) 若与故障相关联的硬件设备及软件程序均无故障，则属于软硬件组合故障，应查找、修复相关硬件设备及相关软件程序，综合测试软硬件接口输入、输出数据，达到软、硬件的协同运行。

5.2.2 基于形式化方法的划分方法

在进行软硬件故障的形式化划分之前，首先对形式化方法的相关概念作简要的介绍。

1. 定义

形式化方法(Formal Method)的基本含义是借助数学的方法来研究计算机科学中的有关问题。《Encyclopedia of Software Engineering》对形式化方法的定义为：“用于计算机系统的形式化方法是基于数学的用于描述系统性质的技术。这样的形式化方法提供了一个框架，人们可以在该框架中以系统的方式刻画、开发和验证系统”。换言之，在系统的测试过程中，凡是采用严格的数学语言，具有精确的数学语义的方法，都称为形式化方法。狭义地说，形式化方法是规格(Specification)和验证(Verification)的方法。因此，形式化方法又分为形式化规格方法和形式化验证方法。形式化规格方法是通过具有明确数学定义的文法和语义的方法或语言对系统的期望特性或者行为进行的精确、简洁描述。而形式化验证是基于已建立的形式化规格，对系统的相关特性进行评价的数学分析和证明。

2. 符号

形式化方法的常用符号如表 5.2 所示。

表 5.2 形式化方法的基本符号及意义

名称	符号	含　义
非	$\neg$	一元连接词，对应于自然语言中的“否定”
析取	$\vee$	二元连接词，对应于自然语言中的“或”
合取	$\wedge$	二元连接词，对应于自然语言中的“与”或“并且”
蕴涵	$\rightarrow$	二元连接词，对应于自然语言中的“如果……则……”
双蕴涵	$\leftrightarrow$	二元连接词，对应于自然语言中的“当且仅当”
存在	$\exists$	存在量词，表示至少存在论域中的一个个体
任给	$\forall$	全称量词，表示论域中的所有个体
必然	$\Box$	关联词，表示事件一定发生
可能	$\Diamond$	关联词，表示事件不一定发生

3. 形式化划分方法

根据软件密集型装备中软硬件故障的特征性，基于典型设备中软硬件故障划分的准则，本章结合其结构特点及形式化方法的自身优点，将形式化方法引入到典型设备的软硬件故障的划分过程中，给出了一种系统软硬件故障的划分方法，具体描述如下：

(1) 初始步骤：

Step1：在对装备熟悉的前提下，调用装备信息，根据故障现象，确定故障是否涉及到装备的软件和硬件模块，若均涉及，则该故障属于软硬件故障，否则显示信息“此故障属于纯软件或纯硬件故障，无需划分”，进行传统可靠性技术分析。

Step2：根据装备结构建立装备的所有的软件功能模块故障集 F_S、硬件功能模块故障集 F_R 及软硬件组合功能模块故障集 F_{RS}。

Step3：结合装备结构及通信原理，定义软硬件故障的形式化规范，给出其形式化描述，根据故障特征，将软硬件故障分解为若干子事件，确定必然事件集 $T=\{T_1,T_2,L,T_n\}$。

(2) 迭代步骤：

Step4：if $n=0$，then end。

Step5：对于集合 T，$\Box\exists T_i$ 的可能事件集 $T^*=\{T_1^*,T_2^*,L,T_c^*\}$。

Step6：$T_i^*\notin F_{RS}\wedge T_i^*\notin F_R\rightarrow T_i^*\in F_S$，记 $F_{Sj}^*=T_i^*$。

Step7：记 $F_{Rj}^*=T_i^*$，$T_i^*\in F_{RS}\rightarrow F_{RSj}^*=T_i^*$。

Step8：if $i=i-1>0$，then goto Step4 重复迭代步骤。

5.2.3 软硬件故障划分方法流程

图 5.1 给出了基于形式化方法的软硬件故障划分方法的详细流程，根据流程可以辅助计算机实现，生成方法程序，为软硬件故障的划分工具的开发提供了依据。首先，对于软

件密集型装备的系统级故障，在对装备熟悉的基础上，明确故障所有可能涉及的模块信息，若故障涉及到系统的软件、硬件模块，则该故障必然属于软硬件故障；接着，对软硬件故障进行具体的划分，划分实施如上述方法的描述，利用形式化描述对每个必然事件确定其可能事件集 T^*，与装备的 F_S、F_R 及 F_{RS} 匹配，得到软件部分故障集、硬件部分故障集及软硬件组合故障集；最后，综合三种情况的信息集，得到系统级故障的全部 F_S^*、F_R^* 及 F_{RS}^*。

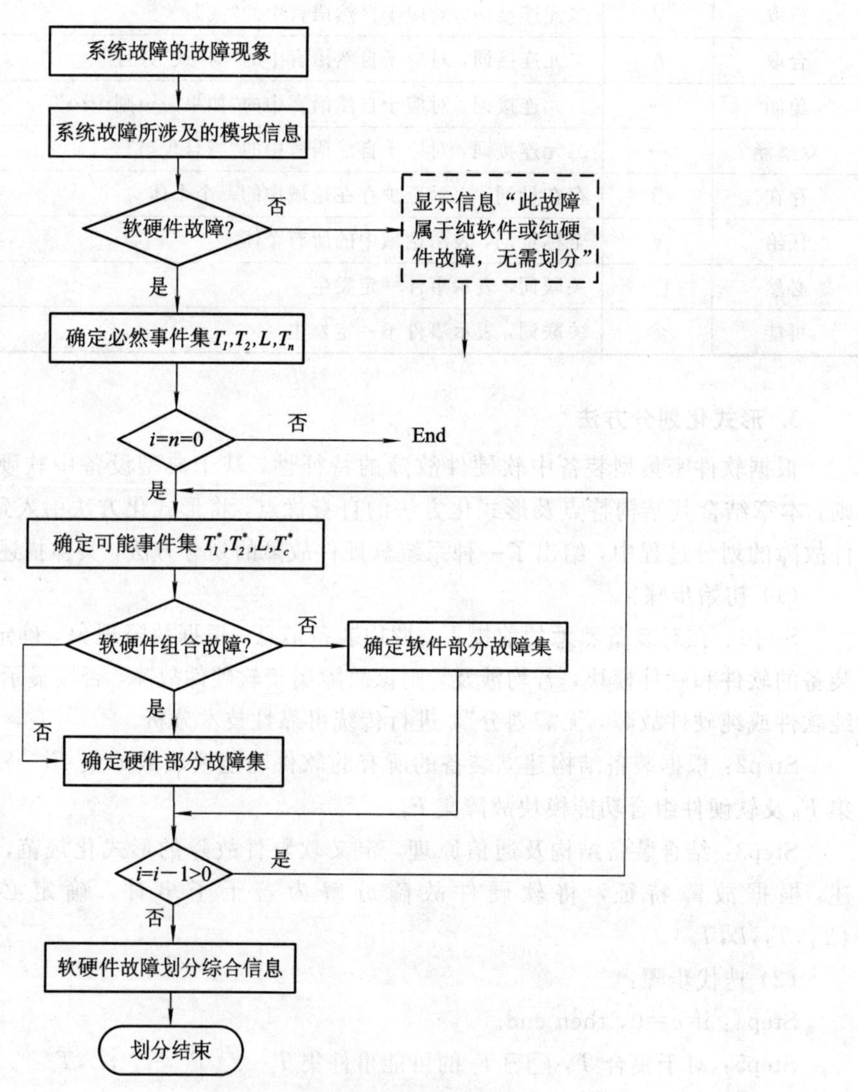

图 5.1　软硬件故障的划分流程

5.3　OTS验证

本章将基于典型形式化验证模型 OTS(Observational Transition System)证明思路引入到上述划分方法的证明过程中，给出了上述划分方法的形式化证明。

OTS是基于 UNITY 计算模型发展而来的典型的形式化验证系统，由 υ、I 和 Γ 组成，

记为 $s=\{\upsilon,I,\Gamma\}$，具体如下：

(1) υ：一组集合变量，每一个变量都有其自身的类型。这些变量(或者其可能的数值)形成了 s 的状态空间 Σ，并且 s 的状态是一个要点或者是 Σ 的一个元素；

(2) I：初始条件，这些条件规定了变量的初始值；

(3) Γ：一组转移规则，每一个转移规则 $\tau\in\Gamma$ 都表示 τ 的一个功能，$\Sigma\rightarrow\Sigma$ 表示映射 $s\in\Sigma$ 的每一个状态到 $\tau(s)\in\Sigma$ 的后续状态，转移规则一般结合其有效执行条件一起定义，即执行结果可以改变 s 的状态。

OTS 主要有两个逻辑基础：初始和潜在的代数学知识。与之相应，OTS 也分为两种运算：可见的和潜在的。可见的表示抽象的数据类型，而潜在的表示对象的状态空间。两种运算都属于隐藏方式：操作与观测，并与对象定位的方法相一致。一个操作可能改变对象的状态，而一个观测在观测对象组件的数据值时，不能改变对象的状态。

针对软件密集型装备的软硬件故障划分方法，基于 OTS，其详细的形式化证明过程表述如下：

(1) 进行 OTS 描述。根据装备结构组成原理，确定系统软硬件故障的离散变量集 $\{\upsilon_0, \upsilon_1, \cdots, \upsilon_n\}$；针对每一个离散变量，确定其故障的各个阶段 $\{\mathrm{Set}_0, \mathrm{Set}_1, \cdots, \mathrm{Set}_n\}$；针对每一个阶段，确定故障的各个事件状态 $\{\mathrm{State}_0, \mathrm{State}_1, \cdots, \mathrm{State}_n\}$。

(2) 定义 OTS 规格。按照 OTS 描述，确定离散变量的各个状态的转移规则 $\{\tau_0, \tau_1, \cdots, \tau_n\}$。

(3) 给出形式化描述公式。根据 OTS 描述和 OTS 规格，确定各离散变量的形式化描述公式，并综合所有离散变量的子公式，得到系统软硬件故障的形式化描述公式。

下面以典型设备的故障实例来说明具体的验证过程。对于典型设备的无线数据故障 R，根据其结构组成及通信原理，可得到无线数据的整个传输、处理及显示过程，如图 5.2 所示。

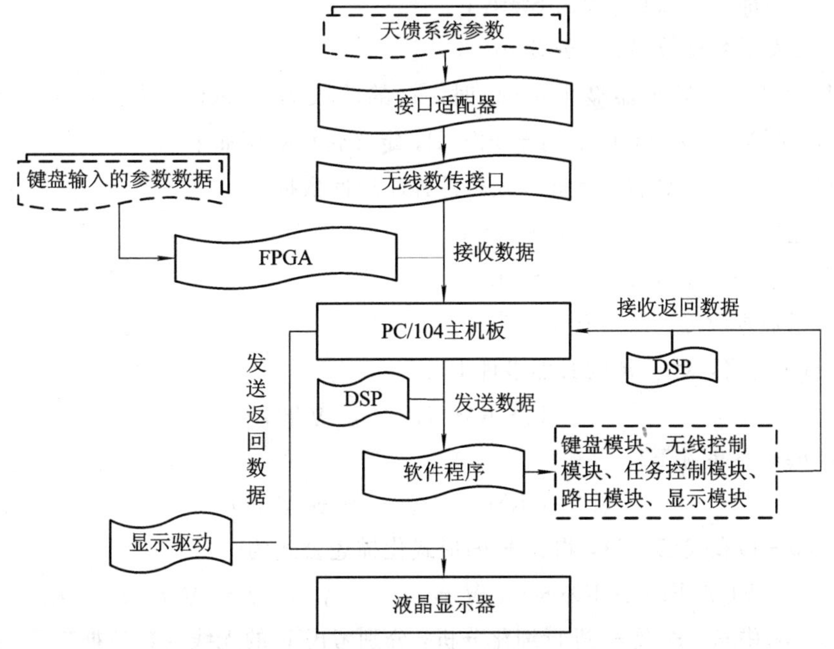

图 5.2　无线信道数据流程

从图 5.2 中可以看出，故障事件 R 涉及软件程序处理数据、硬件模块传输数据和液晶显示数据，因此该故障属于软硬件故障。从而可定义两个离散变量 υ_0 和 υ_1，分别表示 PC/104 主机板和液晶显示器。

对于 υ_0，在此故障事件中，主要存在以下两个阶段：

(1) υ_0 Set_0——υ_0 接收、发送无线数据；

(2) υ_0 Set_1——υ_0 发送、发送软件程序返回的无线数据。

对于 υ_0 Set_0，其状态为

(1) υ_0 $State_0$——υ_0 的无线数传接口板接收天馈系统或 FPGA 接收键盘输入的无线数据；

(2) υ_0 $State_1$——υ_0 的 DSP 给软件程序发送接收的无线数据。

对于 $\upsilon_0 Set_1$，其状态为

(1) υ_0 $State_2$——υ_0 的 DSP 接收来自嵌入式软件程序处理和转换的返回数据；

(2) υ_0 $State_3$——υ_0 发送来自嵌入式软件程序处理和转换的返回数据。

对于 υ_1，在此故障事件中，主要有以下两种状态：

(1) υ_1 $State_0$——υ_1 显示初始数据；

(2) υ_1 $State_1$——υ_1 显示返回数据。

在 R 的必然事件集中，当 F1 发生(PC/104 主机板接收数据)时，υ_0 的阶段为 υ_0 Set_0，其状态为 υ_0 $State_0$、$\upsilon_0 State_1$；υ_1 的状态为 υ_1 $State_0$，即初始状态为显示正确的默认无线参数。则对于 F1→R，定义转移规则如下：

(1) τ_0 υ_0 接收错误数据：¬天馈系统发送数据 ∨ ¬键盘输入数据；

(2) τ_1 υ_0 不能接收数据：$\neg\upsilon_0$ $State_0$；

(3) τ_2 υ_0 发送数据故障：$\neg\upsilon_0$ $State_1$。

而当 F2 发生(¬显示器显示正确)时，υ_0 的阶段为 υ_0 Set_1，其状态为 υ_0 $State_2$、υ_0 $State_3$；DSP 的状态为 υ_1 $State_1$。对于 F2→R，定义转移规则如下：

τ_3 υ_0 接收错误返回数据：¬嵌入式软件程序返回数据；

τ_4 υ_0 不能接收返回数据：$\neg\upsilon_0$ $State_2$；

τ_5 υ_0 发送返回数据故障：$\neg\upsilon_0$ $State_3$；

τ_6 υ_0 显示数据故障：$\neg\upsilon_1$ $State_1$。

根据 OTS 规格，对于 R 的必然事件 F1：

$$(F1 \rightarrow R) \leftrightarrow (\tau_0 \vee \tau_1 \vee \tau_2) \tag{5-1}$$

对于 R 的必然事件 F2：

$$(F2 \rightarrow R) \leftrightarrow (\tau_3 \vee \tau_4 \vee \tau_5 \vee \tau_6) \tag{5-2}$$

综合式(5-1)和式(5-2)，得到 R 的形式化描述公式为

$$((F1 \wedge F2) \rightarrow R) \leftrightarrow ((\tau_0 \vee \tau_1 \vee \tau_2) \wedge (\tau_3 \vee \tau_4 \vee \tau_5 \vee \tau_6)) \tag{5-3}$$

对式(5-3)中 τ_1、τ_2 及 τ_4 进行细化分析，分别考虑 R 的无线参数数据来源，以及 R 所涉及的嵌入式软件程序各模块的影响，可得到 R 的最终形式化描述公式。

5.4 故障划分实例

针对上述典型设备的故障 R，根据公式(5-3)，可得出其形式化描述公式为

(R)∃ 无线信道数据故障：□PC/104 主机板接收数据 ∧ □¬ 显示器显示正确

(5-4)

上述形式化描述公式表示对于软硬件故障事件 R：□PC/104 主机板必然接收数据，并且显示器显示必然不正确。

对于必然事件 F1(□PC/104 主机板接收数据)，根据典型设备通信原理，定义其域规范为：PC/104 主机板主要接收天馈系统及键盘输入的无线数据，并将这些数据传输到软件程序。此过程可用如下公式表示：

(F1)：◇¬(天馈系统经接口适配器发送数据)

∨◇(天馈系统经接口适配器发送数据∧¬无线数传接口板接收数据)

∨◇(天馈系统经接口适配器发送数据∧无线数传接口板接收数据∧¬PC/104 主机板的 DSP 发送数据)

∨◇¬(键盘输入数据)

∨◇(键盘输入数据∧¬FPGA 接收数据)

∨◇(键盘输入数据∧FPGA 接收数据∧¬PC/104 主机板的 DSP 发送数据)

⇒□PC/104 主机板接收数据

合并子公式(R)和(F1)的结果，用(F1)的匹配结果去替代(R)中的结果，进行逆向运算，形式化地导出如下公式：

(R)：◇¬(天馈系统经接口适配器发送数据)

∨◇(天馈系统经接口适配器发送数据∧¬无线数传接口板接收数据)

∨◇(天馈系统经接口适配器发送数据∧无线数传接口板接收数据∧¬PC/104 主机板的 DSP 发送数据)

∨◇¬(键盘输入数据)

∨◇(键盘输入数据∧¬FPGA 接收数据)

∨◇(键盘输入数据∧FPGA 接收数据∧¬PC/104 主机板的 DSP 发送数据)

∧□¬显示器显示正确

对于事件 F2(□¬显示器显示正确)，根据典型设备通信原理，定义其域规范为：软件程序键盘模块接收键盘输入数据，无线通信控制模块接收所有数据，任务控制模块处理数据及路由模块转换数据，无线数传板接收显示模块返回数据，PC/104 主机板传输显示器输出数据。此过程可用如下公式表示：

(F2)：◇(¬键盘模块∨无线通信控制模块接收数据)

∨◇(键盘模块∨无线通信控制模块接收数据∧¬任务控制模块处理数据)

∨◇(键盘模块∨无线通信控制模块接收数据∧任务控制模块处理数据∧¬路由模块转换数据)

∨◇(键盘模块∨无线通信控制模块接收数据∧任务控制模块处理数据∧路由

模块转换数据∧¬显示模块返回数据)

∨◇(键盘模块∨无线通信控制模块接收数据∧任务控制模块处理数据∧路由模块转换数据∧显示模块返回数据∧¬PC/104 主机板的 DSP 接收返回数据)

∨◇(键盘模块∨无线通信控制模块接收数据∧任务控制模块处理数据∧路由模块转换数据∧显示模块返回数据∧PC/104 主机板的 DSP 接收返回数据∧¬PC/104 主机板发送返回数据)

∨◇(键盘模块∨无线通信控制模块接收数据∧任务控制模块处理数据∧路由模块转换数据∧显示模块返回数据∧PC/104 主机板的 DSP 接收返回数据∧PC/104 主机板发送返回数据∧¬显示器显示返回数据)

⇒□¬显示器显示正确

合并子公式(R)、(F1) 和(F2)的结果，用(F1)、(F2)的匹配结果去替代(R)中的结果，并进行逆向运算，导出软硬件故障事件 R 的最终公式为

(R)：◇¬(天馈系统经接口适配器发送数据)

∨◇(天馈系统经接口适配器发送数据∧¬无线数传接口板接收数据)

∨◇(天馈系统经接口适配器发送数据∧无线数传接口板接收数据∧¬PC/104 主机板的 DSP 发送数据)

∨◇¬(键盘输入数据)

∨◇(键盘输入数据∧¬FPGA 接收数据)

∨◇(键盘输入数据∧FPGA 接收数据∧¬PC/104 主机板的 DSP 发送数据)

∧◇(¬键盘模块∨无线通信控制模块接收数据)

∨◇(键盘模块∨无线通信控制模块接收数据∧¬任务控制模块处理数据)

∨◇(键盘模块∨无线通信控制模块接收数据∧任务控制模块处理数据∧¬路由模块转换数据)

∨◇(键盘模块∨无线通信控制模块接收数据∧任务控制模块处理数据∧路由模块转换数据∧¬显示模块返回数据)

∨◇(键盘模块∨无线通信控制模块接收数据∧任务控制模块处理数据∧路由模块转换数据∧显示模块返回数据∧¬PC/104 主机板接收返回数据)

∨◇(键盘模块∨无线通信控制模块接收数据∧任务控制模块处理数据∧路由模块转换数据∧显示模块返回数据∧PC/104 主机板的 DSP 接收返回数据∧¬PC/104 主机板发送返回数据)

∨◇(键盘模块∨无线通信控制模块接收数据∧任务控制模块处理数据∧路由模块转换数据∧显示模块返回数据∧PC/104 主机板的 DSP 接收返回数据∧PC/104 主机板发送返回数据∧¬显示器显示返回数据)

从最终的形式化描述公式中，能够很清楚地划分出影响软硬件故障 R 的所有软件部分、硬件部分及软硬件结合部分的故障事件。其中硬件部分故障事件为：天馈系统经接口适配器发送数据、键盘输入数据、无线数传接口板接收数据、FPGA 接收数据、PC/104 主机板的 DSP 发送数据、PC/104 主机板的 DSP 接收返回数据、PC/104 主机板发送返回数

据、显示器显示返回数据；软件部分故障事件为：键盘模块或无线通信控制模块接收数据、任务控制模块处理数据、路由模块转换数据、显示模块返回数据；软硬件组合故障事件为PC/104 主机板的 DSP 发送数据、PC/104 主机板的 DSP 接收返回数据。

上述实例的形式化划分，首先通过定义其形式化规范来建立形式化描述，进而确定软硬件故障 R 的必然事件集；再通过定义各个必然事件的形式化域规范，给出其具体的分解子公式，从而可得出每个必然事件的可能事件集；最后合并各子公式的分析结果，得到 R 的综合形式化描述公式，从这个公式中可以很容易地确定 R 的各部分故障事件。

通过与 R 的已知故障事件相比较，可以看出本章的形式化划分方法能够有效地对典型设备的软硬件故障进行划分，并得到详细准确的划分结果。

第 6 章 基于 BDA 的软件密集型装备故障双向分析技术

通过软硬件故障的划分，得出了软件密集型装备中影响软硬件故障的软件部分故障事件、硬件部分故障事件及软硬件组合部件故障事件，但为了实现对软硬件故障的精确分析，需要研究新的方法。传统的故障分析技术有 FMEA 和 FTA 技术，由于这些技术是基于故障现象的，虽然可以用来分析某些故障事件，但因为软件密集型装备中有软件、硬件结合所产生的故障，使得其分析结果都并不完整、并不准确，因此有必要对两者进行综合和改进。

本章讨论了 BDA(Bi-directional Analysis)双向分析技术，详细介绍了 BDA 的分析流程，在此基础上改进了 BDA 方法使之适应于软硬件故障的分析，并介绍了故障分析实例。

6.1 故障分析问题

6.1.1 故障分析存在的问题

传统的 FTA 和 FMEA 技术都可用来分析诊断系统的软、硬件故障，但在软件密集型装备中，由于出现了新的软硬件故障模式，因而也就给装备的可靠性分析带来了新的问题。

(1) 传统的 FMEA 技术虽然有许多优点，但由于从故障现象入手，使得分析工作很繁琐，且忽略了软件密集型装备中软硬件故障发生时软件和硬件相互结合、相互作用所产生的故障模式，导致整个的 FMEA 过程不够完善，分析结果也难免出现疏漏。而且传统的 FMEA 分析中往往涉及到许多主观因素，如经验、知识水平等，也影响了其分析结果的准确性、精确性和可靠性。

(2) 传统的 FTA 技术如果不依据 FMEA 的分析结果，其分析的精确性就会更差，这是由其从故障后果分析故障原因的技术特点所决定的，因为故障树的顶事件首先很难确定，即使确定了也很难考虑到故障发生时产生的所有故障模式，从而使得故障树的建立不能达到完善、准确的效果，其分析结果的可靠性也就可想而知了。特别是在软件密集型装备的软硬件故障分析过程中，故障树中必然包括软件子树和硬件子树，如何确定各级子树的中间事件及底事件也是一个全新的必须考虑和解决的问题。

(3) 在软件密集型装备中，传统的 FMEA 和 FTA 正向综合技术，由于传统 FMEA 的分析结果不够完善，也就使得 FTA 的构建必然不够全面，因而影响了分析结果的可靠性和精确性。而传统的 FMEA 和 FTA 逆向综合技术，由于传统故障树的建立同样很难考虑全面，也就使得 FMEA 的分析必然不够完整，从而影响了整个装备的可靠性分析结果的精确性。而且在故障树的建立过程中，如何将软硬件相结合时产生的故障模式融入树中，也是必须考虑的，这也是整个软硬件故障分析的核心和关键问题。

由此可见，需要对传统的FMEA和FTA技术进行扩展，综合两者形成BDA技术。

6.1.2 BDA技术及特点

20世纪90年代末，Lutz在分析了软件评价系统的三种评价方法(基于开发阶段、基于扩展过程和基于产品自身的评价方法)的基础上，总结了三种方法的优缺点，综合扩展了SFMEA和SFTA技术，提出了一种BDA软件评价方法。

BDA融合了SFMEA和SFTA的工程方法论基础，能够提供系统安全分析的评价信息。此信息在系统安全评价的开发和验证过程中扮演着十分重要的角色，是对系统直接或间接危险形态的定义。对于按照安全需求来开发的系统装备来说，BDA能够提供有效的系统安全评价。

BDA是一种系统化、结构化的技术，既能够分析系统各个组成部分的故障模式，也能够分析通过系统传播的每一个故障模式，还能够分析产生故障模式的首要特征，从而找出造成系统危险的某些缺陷，使系统避免或修复这些缺陷。系统检测分析的结果是系统安全可靠性评价的一个关键证明。

目前，BDA技术还处在初级阶段，主要用在软件系统的安全评价方面，而且国内外所做的研究很少，其研究成果也比较少，当前的研究成果主要集中在BDA的综合应用上面，主要是提出了一些技术扩展的想法。如HAZOP方法已被延伸到假定故障的系统探测方面，指出了对软件回归测试有帮助的历史故障模式。

BDA技术与传统的FTA和FMEA技术相比，主要有以下特点：

(1) 实用性：BDA是基于完善的FMEA和FTA的扩展，因此相对比较容易掌握和应用，这个特征使得BDA技术具有很强的实用性。

(2) 结构化：BDA按照既定的程序结构来执行，而且这些技术都是大家所熟知的，其逻辑结构明确，是一种结构化的技术。

(3) 可维护性：BDA分析的执行程序中的信息是容易被广泛接受的，因为其形式是易读的，基于表格的，从而便于维护管理。

(4) 可扩展性：BDA分析依靠不断更新故障模式的识别能力来满足不断增加的扩展过程，当其继承层增加时，相应的数据/事件表也相应增加。

(5) 高评估性：在设计认证过程中BDA的角色与需求紧密联系在一起，是在系统安全需求范围内对设计的综合评估。BDA也与整个扩展过程联系在一起，由于区分了系统的行为和危险，指出并提供了设计危险分析的关键部分，能有效地确定测试用例。

(6) 认证的独立性：针对需求规格的证明，BDA已被用作设计层次的认证，并得到了广泛的应用，这意味着其认证的独立性。

(7) 系统的集中性：BDA能与硬件认证实践相结合，达到与硬件的兼容，因而是系统的一种安全分析方法。

(8) 辅助工具：BDA可以自动生成。自动化工具可以存在于前向分析和后向分析中，用于辅助BDA的双向分析。

6.2 BDA分析基本流程

BDA技术是FMEA和FTA进行综合拓展得到的双向分析技术，其基本思路是：基于

FMEA 进行前向分析(Forward Analysis)，包括对导致各种错误结果的异常输入或事件的前期分析，并检测已确定的这些错误结果的假设是否可靠，如果这些故障模式在系统的设计中出现，则必然属于潜在故障模式；基于 FTA 进行后向分析(Backward Analysis)，能从错误结果中分析出异常假设，便于收集那些可能使假设产生的各个环节。因此，BDA 主要由两个部分组成：前向分析和后向分析。前向分析的根据是 FMEA，而后向分析的根据是 FTA。

BDA 的第一步是前向分析，主要是分析产生故障影响的行为或不规则数据的因果关系。前向分析与 FMEA 分析比较相似。例如，在系统的分析中，如果临界数据输入到系统中，并产生了一个不规则的控制决策结果，则临界数据是产生原因，从而导致不规则控制决策的结果是影响。临界数据能在系统中产生一个错误的决策，导致系统功能的失效。对于安全认证来说，根据每一个因果关系在安全方面的潜在影响可以对其进行分类。这些因果关系能潜在地影响系统的安全，并会逐渐表现出来。

BDA 的第二步是后向分析，分析在第一步中发现的导致故障影响的每一个异常出现的可能性。此外，如果某个故障的假设是可行的，后向分析就会找出怎样移除或减轻故障影响的方法。后向分析类似于 FTA 的工作。在上述的例子中，经过后向分析表明了当特定的硬件部分失效时其废弃的数据能够造成软件的影响。后向分析证实了这些故障模式是可能发生的。

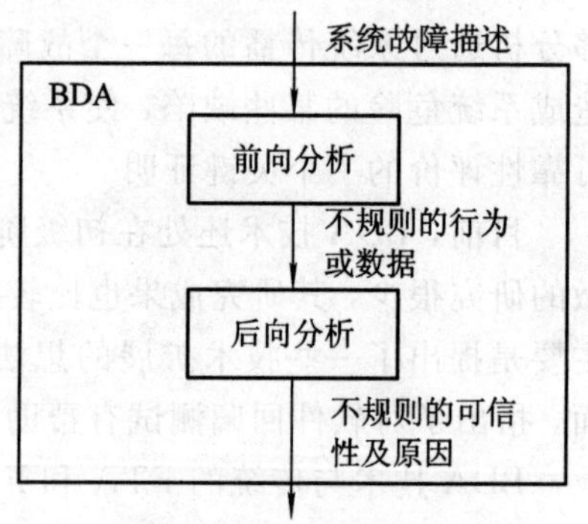

图 6.1　BDA 的执行程序

BDA 的前向分析和后向分析的综合提供了一种分析系统故障的结构化方法。综合的 BDA 结合了前向分析(分析潜在的故障模式)和后向分析(分析导致假定故障模式发生的特定环境和条件)的优点。BDA 的执行过程如图 6.1 所示。

6.2.1　前向分析

前向分析以各种故障的描述为起点，使用工作表来获取故障相关信息。前向分析的第一种表格就是数据表，主要用来搜索各种故障信息，包括故障危害度、故障模式及故障影响。故障模式的识别是前向分析最困难的部分。类似于 FMEA 技术，为了辅助故障模式识别，必须对故障模式进行分类。BDA 前向分析数据表可以按照表 6.1 的形式来建立。

表 6.1　BDA 前向分析数据表

故障模式	故障描述	局部影响	系统影响	危害度等级	解决方案
数据的时间性错误	传感器接收数据延时	抽水机控制指令失效	系统温度超出限制	3	增加数据的时间性测试

前向分析数据表列出了每一个可能的故障模式，描述了其对系统各个部分的影响并对故障危害度进行了分类。例如，在表 6.1 中，故障模式为“数据的时间性错误”，其故障描述为“传感器接收数据延时”，对系统造成的影响结果为“系统温度超出限制”。危害度等级表明了此故障模式对系统影响的危害程度。在本例中，危害度等级为“3”，描述了此故障模

式对整个系统的威胁程度。危害度等级越高，表明越要用安全指标来描述危险的存在，越需要对其进行分析诊断。

在前向分析数据表中未做评论的故障模式影响，即便预示着设计的错误，也可以不做安全指标描述。根据这个标准，只有那些危险等级在一定程度上的模式才需要做更进一步的分析。前向分析数据表的最后一列“解决方案”给出了排除已被识别的不协调故障模式的解决措施。这一结果可以在 BDA 的第二步分析及后向分析结束后加以填写。

6.2.2 后向分析

后向分析主要分析那些在前向分析中危险度比较高的故障模式(如那些危害度等级为“4”或“5”的故障模式)，后向分析根结点的确定也是以此为依据的。后向分析描述了每一个产生故障影响的不规则行为或事件出现的可能性。

延用 FMEA 的符号，用“故障模式”来表示这些不规则。这些不规则可以是不正确的数据或行为，但仅仅是不能预测的数据或行为(因为其不可预测性，严格地讲，也就是不正确的)。对于在系统中涉及到的这些行为，BDA 在预测中还要经常回顾测试所有的不规则行为。

后向分析与 FTA 比较相似，只有几点不同。正如上面讨论的，其根结点不一定是一个故障事件。而且，FTA 将一个事件作为一个顶事件，而 BDA 的根结点可以不是一个事件(如与事件表格相比其可以是来源于数据表格的一个流程)。还有一点不同的是，如 Leveson 所指出的，后向分析技术是一种随着时间推移的事件的排序技术，反之，故障树的每一层仅仅显示在细节方面的一些事件。然而，后向分析的目的与 FTA 基本相同。

BDA 的后向分析能及时地根据环境、条件描述根结点(如以前的输入数据)产生的原因，节点树的每一个继承层都是对先前节点层的扩展。当树的底层节点的故障分析被认定是不可能的或不能产生的，BDA 的后向分析结束。

6.2.3 双向分析

利用后向分析的各种信息，能够更好地完善 BDA。其中最重要的就是填写数据/事件表中故障的最后一列。针对已描述故障模式，这一列可以得出一个使系统减轻、避免或消除故障行为的策略。

当没有考虑错误的来源时，BDA 能首先检查系统的误用输入或不规则的事件执行。一旦导致不规则输出或行为的假设被识别出来，BDA 就会及时地利用后向分析描述再设计或测试的可能性。

由此可见，BDA 前向分析与后向分析相互结合、相互补充，是一种整体结构化的综合故障分析技术，前向分析的结果指导后向分析的进行，而后向分析的结果又反过来完善前向分析。

6.3 软硬件故障 BDA 分析方法

针对传统 FMEA 和 FTA 技术在分析软件密集型装备软硬件故障方面的不足，鉴于 BDA 技术从故障描述入手的特点及其自身的技术特点，本章在软硬件故障的形式化划分基础上，将 BDA 技术应用到典型设备的软硬件故障分析过程中，扩展了前向分析，改进了后向分析，并给出了双向分析的具体实现过程。

6.3.1 软硬件故障前向分析

通过前面的分析，可以明确在软件密集型装备中，出现了软硬件故障模式。软硬件故障模式包括系统软件和硬件相结合所产生的故障模式、纯粹的软件故障模式及纯粹的硬件故障模式。由于传统FMEA技术在分析软件密集型装备软硬件故障方面的不足，其分析结果不够详细，很难考虑到软硬件相互作用所产生的故障模式。

为此，本章以典型设备软硬件故障的形式化划分结果为前向分析故障描述集，将前向分析引入到典型设备软硬件故障的分析过程中，其主要目的是分析软硬件相结合时产生的故障模式，并给出软硬件故障前向分析方法的数学描述，为前向分析结果的自动生成提供有效途径。

结合传统FMEA技术和BDA前向分析步骤，本章给出了典型设备中软硬件故障的前向分析流程如图6.2所示，这个过程也就是建立前向分析的数据/事件表的过程。

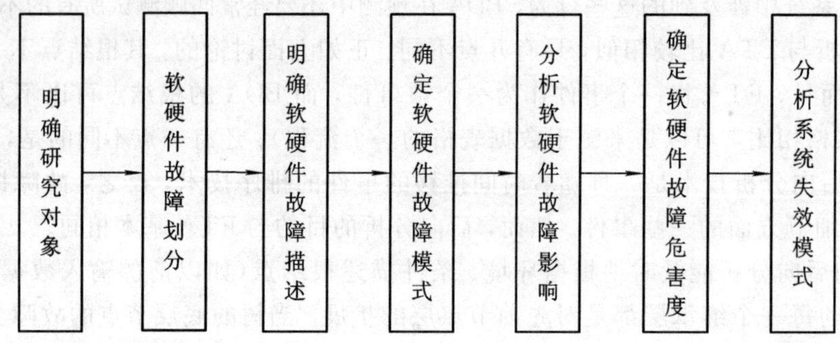

图6.2 软硬件故障的前向分析流程

1. 明确研究对象

软硬件故障的前向分析首先要对研究对象有足够的认识，了解与其相关的全部资料和数据，主要包括以下几个方面：

(1) 软件密集型装备中嵌入式系统设计、结构的相关资料，如设计说明书、设备清册、图纸、工作原理、使用说明、性能指标以及各项参数，了解特性和系统的结构。

(2) 与系统运行、控制和维护相关的资料，如设备运行维修的历史资料、运行系统图、运行规程、检修规程。

(3) 与系统所处环境相关的资料，明确外部环境、使用条件等其他资料。

2. 明确软硬件故障的描述

当软硬件故障发生时，其必然表现为一些特定的形式，换句话说，就是每个软硬件故障模式都是其特有的。软硬件故障描述是软硬件故障模式的外在表现形式，能够反映软硬件故障模式所造成的人们可以直接感知的表象，主要包括：故障现象、检测信息、环境条件、时间信息等。

定义6.1 软硬件故障描述集 $A=\{a_1, a_2, \cdots, a_n\}$ 表示软硬件故障发生时所有可能的表象，通过软硬件故障的划分分别得到软件部分、硬件部分及软硬件组合部件故障描述集 $A_i=\{a_{i1}, a_{i2}, \cdots, a_{im}\}$（其中 $i=0, 1, 2$）。

3. 确定软硬件故障的模式

根据软硬件故障描述，分析各基本模块对于系统功能的危害，可以得出软硬件故障模式。

通过软硬件故障模式可以确定存在的致命性故障及其对系统的影响，从而为确定改进措施，消除和减少设计缺陷提供依据。

彻底分析系统的软硬件故障模式是十分重要的。软硬件故障模式是进行失效分析的基础，也是可靠性研究的基础。软硬件故障影响分析本质上就是建立在软硬件故障模式清单基础上的，同时软硬件故障模式也是其他分析方法的基础之一，更重要的是软硬件故障模式还是软硬件故障后向分析的基础。

针对典型软件密集型装备典型设备，本章采用 BDA 前向技术，分析出软硬件故障模式如表 6.2 所示。

表 6.2　系统模块故障模式

系统模块	故障模式类型	故障表现形式
软件子系统	数据故障	数据丢失、数据错误、数据事件错误
	事件故障	事件延迟、时序错误
硬件子系统	退化型故障	设备老化、变色、磨损等
	损坏型故障	设备出现裂痕、裂纹、断裂、开路、短路等
软硬件组合部件	部件老化、损坏型故障	硬件不能正常接收、发送数据，造成软硬件的不协调

定义 6.2　软硬件故障模式集 $B=\{b_1, b_2, \cdots, b_n\}$表示软硬件故障发生时对系统功能造成的所有影响类型。软件子系统、硬件子系统及软硬件组合部件的故障模式集分别为 $B_i=\{b_{i1}, b_{i2}, \cdots, b_{im}\}$(其中 $i=0, 1, 2$)。

4. 分析软硬件故障的影响

软硬件故障发生时，会导致系统的某些功能受到一定的影响，甚至会对环境和人身安全造成威胁。软硬件故障前向分析可以从功能框图上考虑软硬件故障的影响。分析软硬件故障后果要考虑任务目标、维修要求，以及人员和设备安全性等方面的原因。每种软硬件故障有着不同的特定后果，对设备的影响是不一样的，制定维修策略也是以此为基础的。

假设 6.1　根据软硬件故障模式的分类，针对每一个软硬件故障模式，假设其为软件密集型装备嵌入式系统的唯一故障，自底向上分析其在系统模型中的传播，得到其对于整个系统的影响。

定义 6.3　软硬件故障影响集 $C=\{c_1, c_2, \cdots, c_n\}$和 $C^*=\{c_1^*, c_2^*, \cdots, c_n^*\}$分别表示所有软硬件故障模式对装备所造成的局部影响和系统影响。对应的软件子系统、硬件子系统及软硬件组合部件的故障模式局部、系统影响集分别为 $C_i=\{c_{i1}, c_{i2}, \cdots, c_{im}\}$和 $C_i^*=\{c_{i1}^*, c_{i2}^*, \cdots, c_{im}^*\}$(其中 $i=0, 1, 2$)。

5. 确定软硬件故障的危害度

通过研究设备结构组成及系统功能，分析软硬件故障模式及其影响，并在此基础上，本章将研究对象——典型设备的软硬件故障危害度分为如表 6.3 所示的级别。

表 6.3 故障危害度等级

级别	特征	符号
无影响	不影响系统的正常功能的实现，可以对其进行非计划的维修处理	1
次要性影响	不足以带来系统损坏的失效，但必须经过非计划的维修处理	2
边缘性影响	可能导致系统一般损坏的失效	3
严重性影响	可能导致系统严重损坏的失效	4
灾难性影响	可能导致武器系统毁坏的失效	5

上述软硬件故障模式危害度的级别直接表现了各个软硬件故障模式对于整个系统的影响和危害程度，从而也就决定了各个软硬件故障模式的分析诊断次序及重要性，为软硬件故障后向分析根结点及中间节点的确定提供了依据。

定义 6.4 软硬件故障危害度集 $D=\{d_1, d_2, \cdots, d_n\}$ 表示所有故障模式影响对系统所造成的危害度等级。

6. 分析系统的失效模式

通过软硬件故障前向分析对基本故障模式的影响分析，可以明确软硬件故障的危害度及重要度，从而得出每个软硬件故障模式可能导致的系统失效模式及其危害等级。

根据上述软硬件故障 BDA 前向分析技术的数学描述，整个前向分析的结果可用如下公式表示：

$$\mathrm{FAR} = \sum_{i=0}^{2} \{A_i + B_i + (C_i + C_i^*) + D_i\} \tag{6-1}$$

式中，FAR 表示前向分析结果。

公式(6-1)为计算机辅助软硬件故障前向分析的实现提供了依据，本章设计了典型设备软硬件故障的 BDA 前向分析结果 FAR 的生成方法如下：

Step1：输入软硬件故障 R，调用 R 的划分结果信息，生成描述集 A_i；

Step2：输入故障模式类型，生成模式集 B_i；

Step3：输入各故障模式的影响分析结果，生成局部影响集 C_i 和系统影响集 C_i^*；

Step4：根据影响分析结果，确定故障危害度等级，生成故障危害度集 D_i；

Step5：调用 Step1、Step2、Step3 及 Step4 的结果信息，自动生成 FAR，并以表格的形式显示输出。

利用上述方法分析软硬件故障的结果，可以指导系统的故障分析诊断，确定后向分析的重要故障模式根结点，减少故障分析诊断的工作量，提高工作效率。

6.3.2 软硬件故障后向分析

针对典型设备的结构，根据分析得到系统的失效模式及导致这些失效模式的故障模式组合，通过分析得出导致系统失效的可能原因组合以及系统故障模式和重要度分类，从而为系统的诊断提供参考和指导。

结合典型设备中系统的可靠性特征，通过对其结构进行分析，明确了其整个系统是由硬件子系统和软件子系统组成的。当系统软硬件故障发生时，通过第 5 章中软硬件故障的划分结果，可以明确软硬件组合故障事件包含于硬件部分故障事件中。由于软硬件组合故障事件在软、硬件组合时产生的交互不协调，通过软硬件故障的形式化划分后，消除了软件的原因引起软、硬件作用的不协调，因此本章将典型设备中的软硬件组合故障事件纳入硬件部分故障事件。

借鉴 FTA 的建树思想，可构建软硬件故障的系统级后向分析树。在后向分析树中，对于根结点为失效 S 的树，所表达的安全性约束条件 C 就是 S 不能出现，即 $C=\Box\neg S$。首先，根据典型设备的系统结构组成，将系统级故障后向分析树简化为软件子系统和硬件子系统后向分析树；其次，结合划分结果及前向分析结果，根据树的内部结构，从根结点向底节点逐层作进一步的扩展，生成二级软件、硬件子树；最后，对扩展子树进行定性、定量分析，得到最终的安全性需求表达式。当系统安全性需求被描述为 n 棵后向分析树 S_1，…，S_n，其根结点为 S 时，S 的语义为

$$S=S_1\vee S_2\vee\cdots\vee S_n$$

相应地，总的安全性需求为

$$\Box\neg S=\Box\neg S_1\wedge\Box\neg S_2\wedge\cdots\wedge\Box\neg S_n$$

假设典型设备工作环境正常，即满足电气要求、环境适应性要求(包括工作温度、振动、冲击、湿热等)及电池兼容性要求，针对上述描述，本章给出了典型设备中软硬件故障后向分析的建树思路如图 6.3 所示，软件子系统和硬件子系统的独立性分别表示软件部分故障事件和硬件部分故障事件，而相关性则体现了软硬件组合故障事件。

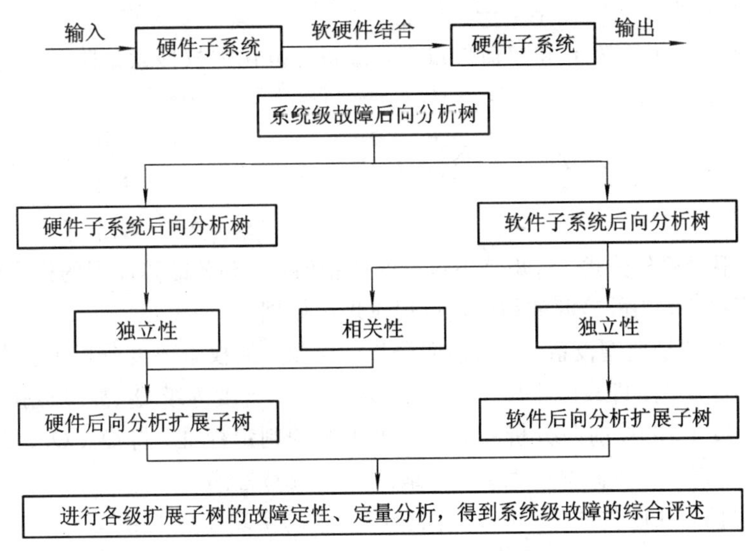

图 6.3　软硬件故障的后向分析思路

针对后向分析树的图论基础，软硬件故障后向分析延用 FTA 的理念，将割集及最小割集引入到软硬件故障后向分析树的定性分析过程中，确定导致软硬件故障发生的所有可能故障模式的组合；将加权重要度分析引入到软硬件故障后向分析树的定量分析过程中，对各种可能故障模式进行排序，为软硬件故障源精确定位提供依据。

加权重要度是对重要度分析的改进，通过综合考虑影响故障底事件的各要素，使得分析的结果更加合理、更加有效。其分析思路是当系统发生故障后，设有 n 个导致故障的原因(底事件)，有 m 个影响搜索策略的属性需要考虑，应用模糊数学的思维，构建故障分析

的数学模型。具体过程是：

（1）确定论域：列出各种故障原因，构成底事件集合 $P=\{P_1, P_2, \cdots, P_n\}$；取 m 种影响搜索策略的属性构成属性集合 $Q=\{Q_1, Q_2, \cdots, Q_m\}$。

（2）确定模糊关系矩阵：根据维修经验分析，从底事件集合 P 中的单因素 $P_i(i=1, 2, \cdots, n)$ 入手确定该因素对各属性 $Q_i(i=1, 2, \cdots, m)$ 的依存程度 r_{ij}，可将依存程度分成 k 个等级，得到第 i 个因素 P_i 的单因素构成一个模糊评判矢量 $\boldsymbol{r}_i(r_{i1}, r_{i2}, \cdots, r_{im})$。这样，综合 $\boldsymbol{r}_1, \boldsymbol{r}_2, \cdots, \boldsymbol{r}_n$，构成模糊关系矩阵：

$$\boldsymbol{R}_{ij} = \begin{bmatrix} r_{11} & r_{12} & \cdots & r_{1m} \\ r_{21} & r_{22} & \cdots & r_{2m} \\ \vdots & \vdots & & \vdots \\ r_{n1} & r_{n2} & \cdots & r_{nm} \end{bmatrix} \tag{6-2}$$

模糊关系矩阵提供了分析决策问题的基本信息，亦称为搜索决策矩阵。按归一化理论进行处理，即把各属性值都统一变换到(0,1)范围内，可化为规范化矩阵：

$$Y_{ij} = \frac{R_{ij}}{\sqrt{\sum_{i=1}^{n} R_{ij}^2}} \tag{6-3}$$

将各属性的重要性进行成对比较，建立一个比较判断矩阵 $\boldsymbol{E}$，通过求解矩阵 $\boldsymbol{E}$ 的特征方程式的特征根 λ_i，找出最大特征根 $\lambda_{\max}$，得到其对应的特征矢量，将特征矢量归一化后即为相对权重系数矢量 $\boldsymbol{X}=(x_1, x_2, \cdots, x_m)$。

由规范化搜索决策矩阵 $\boldsymbol{Y}$ 和权值矢量 $\boldsymbol{X}$，得到规范化加权搜索矩阵：

$$\boldsymbol{Z} = \boldsymbol{X} \cdot \boldsymbol{Y} = \sum_{i=1}^{m} \sum_{j=1}^{n} \boldsymbol{X}_i \boldsymbol{Y}_{ji} = \begin{bmatrix} z_{11} & z_{12} & \cdots & z_{1m} \\ z_{21} & z_{22} & \cdots & z_{2m} \\ \vdots & \vdots & & \vdots \\ z_{n1} & z_{n2} & \cdots & z_{nm} \end{bmatrix} \tag{6-4}$$

规则 6.1 根据积分公式，将矩阵中每行的值相加，得到各故障原因的排序积分 I_i；按 I_i 由大到小的顺序排序，为故障源的精确定位提供理论依据。

本章的研究对象是典型设备，结合前向分析的结果，加权重要度分析主要考虑三个方面的影响搜索策略的属性，即故障事件出现概率 Q_1、故障危害度等级 Q_2、故障检验难易程度 Q_3。

规则 6.2 按照 BDA 前向分析故障危害度等级的判定标准，将 Q_1、Q_2、Q_3 划分为 5 个等级，值“5”表示故障出现概率最大、危害最严重且最易检测。

按照上述思路，软硬件故障 BDA 后向分析技术的实现步骤为：

（1）确定各级节点。根据软硬件故障前向分析的结果，提取危害度等级较高的作为后向分析各级节点事件，包括根结点事件、中间节点事件及底节点事件。

（2）建立一级 BDA 后向分析树。由于软硬件故障涉及到系统的许多软件及硬件模块，因而有必要先对其影响分别考虑；根据软硬件故障后向分析的思路，在软硬件故障划分及软硬件故障前向分析的基础上，构建一级 BDA 后向节点树。

（3）建立 BDA 后向分析扩展子树。在一级 BDA 后向节点树的基础上，充分考虑故障对系统软件、硬件模块的影响，构建节点扩展子树。

（4）软硬件故障分析。对上述建立的各级软硬件故障后向分析节点子树进行定性、定量分析，得出系统软硬件故障的加权重要度 I_i，并对重要度进行排序。

6.3.3 软硬件故障双向分析

根据软硬件故障划分结果得到前向分析结果，该结果综合了软硬件故障的故障描述集、故障模式集、故障影响集及故障危害度集；而后向分析结果是对后向软、硬件扩展子树进行定性、定量分析的结果。FAR 明确了软硬件故障的所有系统失效模式，I_i明确了造成系统软硬件故障发生时的所有可能软、硬件模块级故障事件的加权重要度。综合上面的分析结果，本章给出了使用 BDA 技术分析典型设备软硬件故障的诊断流程，如图 6.4 所示。

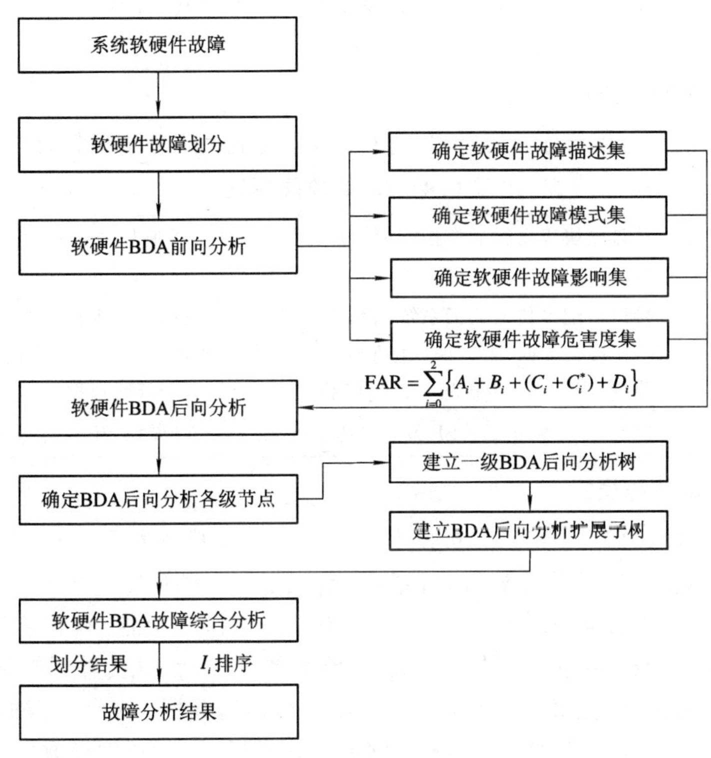

图 6.4 软硬件故障分析诊断流程

1）软硬件故障划分

根据给定故障的现象，判断其是否属于软硬件故障，若不是则无需划分，可用传统的故障可靠性技术进行分析；若属于软硬件故障，则对其进行形式化划分，得出划分结果，为 BDA 分析及分层诊断提供依据。

2）软硬件 BDA 故障前向分析

在软硬件故障划分的基础上，确定各种故障事件的各种描述，分析软硬件故障的各种模式，分析故障对系统的局部影响和最终影响，确定其危害度等级，生成 FAR。

3）软硬件 BDA 故障后向分析

根据软硬件故障前向分析的结果 FAR，确定后向分析树的根结点、中间节点和部分底节点，构建后向分析树，对树进行二级扩展，并对二级扩展子树进行定性、定量分析，得到 I_i。

4）软硬件 BDA 故障综合分析

根据软件密集型装备的结构及软硬件故障划分结果的分析，对 I_i进行排序，得到软硬件故障的分析结果。

6.4 故障分析实例

下面以典型设备中软硬件故障(无线信道数据故障，记为 R_1)为例，详细说明 BDA 分析的全过程。

6.4.1 R_1 的前向分析

根据前面软硬件故障 BDA 前向分析技术的思路，可建立 R_1 的 FAR 表，得到 R_1 的前向分析综合结果。

1. 确定 R_1 的故障描述

利用第 5 章的形式化划分方法对 R_1 进行划分，得到其划分结果如表 6.4 所示。

表 6.4 R_1 的故障描述

软件部分故障	键盘模块或无线通信控制模块接收数据、任务控制模块处理数据、路由模块转换数据、显示模块返回数据
硬件部分故障	接口适配器传输天馈系统的数据、键盘输入数据、无线数传接口板接收数据、FPGA 接收数据、PC/104 主机板的 DSP 发送数据、PC/104 主机板的 DSP 接收返回数据、PC/104 主机板发送返回数据、显示器显示返回数据
软硬件组合故障	PC/104 主机板的 DSP 发送数据、PC/104 主机板的 DSP 接收返回数据

2. 确定 R_1 的故障模式

按照软硬件故障的 BDA 前向分析技术，从 R_1 的故障描述入手，得到其软件故障模式为：数据丢失、数据设置错误、数据事件错误，无法通过软件程序进行传输、转换；事件延迟、时序错误，典型设备通信时间设置错误，无法完成“呼叫”功能。硬件故障模式为：天馈设备老化、损坏、断裂、短路等；“接口适配器”老化或损坏，无法传输天馈系统的无线信道数据；“无线数传接口板”老化或损坏，无法接收无线信道数据；键盘按键损坏无法输入数据；FPGA 损坏，无法接收键盘输入数据；DSP 老化或损坏，无法发送数据，无法接收返回数据；PC/104 主机板老化，无法发送返回数据；液晶显示器老化，无法正常显示无线数据。软硬件组合故障模式为：DSP 老化或损坏，无线发送数据，无法接收软件程序返回数据。

通过上面的分析，制定 R_1 的软硬件故障模式表如表 6.5 所示。

表 6.5 R_1 的故障模式

<table>
<tr><th rowspan="2">软硬件故障</th><th colspan="2">软件故障模式</th><th colspan="2">硬件故障模式</th><th>软硬件组合故障模式</th></tr>
<tr><th>数据故障模式</th><th>事件故障模式</th><th>退化型故障模式</th><th>损坏型故障模式</th><th>部件老化、损坏</th></tr>
<tr><td>无线信道数据故障</td><td>数据丢失、数据错误、数据事件错误</td><td>事件延迟、时序错误</td><td>天馈、接口适配器、无线数传接口板、DSP、PC/104 主机板、液显设备等老化或损坏</td><td>天馈设备、接口适配器、无线数传接口板、键盘按键、FPGA、DSP 等老化或损坏</td><td>DSP 老化或损坏</td></tr>
</table>

3. 分析 R_1 的影响

针对以上的软硬件故障各个故障模式，分析每个故障模式在典型设备系统的扩散及影响，确定各自的危害度等级，建立 R_1 的故障影响表如表 6.6 所示。

表 6.6 R_1 的故障影响

软硬件故障	故障模式	编号	局部影响	系统影响	危害度等级
无线信道数据故障	数据丢失	S_1	显示模块返回缺省数据	设备不能完成无线通信	4
	数据错误	S_2	软件程序显示模块返回错误数据	设备不能完成无线通信	4
	数据事件错误	S_3	软件程序显示模块返回错误数据	设备不能完成无线通信	4
	事件延迟	S_4	路由协议控制模块无线参数延迟	不能完成“呼叫”功能	3
	时序错误	S_5	路由协议控制模块无线参数错误	不能完成“呼叫”功能	3
	设备老化	S_6	天馈系统不能正常发送无线数据	无线数传接口板接收数据故障	3
	设备损坏	S_7	天馈系统不能发送数据	无线数传接口板接收数据故障	3
	设备老化	S_8	接口适配器不能正常传输数据	无线数传接口板接收数据故障	3
	设备损坏	S_9	接口适配器不能传输数据	无线数传接口板接收数据故障	3
	设备老化	S_{10}	无线数传接口板不能正常接收数据	PC/104 主机板接收数据故障	3
	设备损坏	S_{11}	无线数传接口板不能接收数据	PC/104 主机板接收数据故障	3
	设备损坏	S_{12}	键盘不能输入无线数据	PC/104 主机板接收数据故障	3
	设备损坏	S_{13}	FPGA 不能接收键盘输入数据	PC/104 主机板接收数据故障	3
	设备老化	S_{14}	DSP 不能正常发送数据、接收返回数据	设备不能完成无线通信	4
	设备损坏	S_{15}	DSP 不能正常发送数据、接收返回数据	设备不能完成无线通信	4
	设备老化	S_{16}	PC/104 主机板发送返回数据故障	系统无线数据显示错误	3
	设备老化	S_{17}	液显不能正常显示数据	系统无线数据显示错误	2

4. 确定 R_1 的危害度等级

典型设备的主要任务之一就是根据各种通信协议完成无线通信功能，而 R_1 对系统的影响导致其无法完成无线通信功能，因此，可制定出 R_1 的危害度表，如表 6.7 所示。

表 6.7 R_1 的危害度等级及后果

软硬件故障	编号	故障现象	危害度等级	故障后果
无线信道数据故障	R_1	对系统造成严重性影响	4	无法完成无线通信

5. 确定 R_1 的系统失效模式

经过 BDA 前向分析之后，得到了每类故障对系统的影响及其影响的危害度。根据这些结果，可以确立系统可能的失效模式，为后向分析节点树的建立提供了可靠的依据。如上所述，软硬件故障 R_1 的系统失效模式表如表 6.8 所示。

表 6.8 R_1 系统失效模式

系统软硬件故障	系统失效模式	安全等级
R_1	软件键盘模块数据丢失	4
	显示模块数据丢失	4
	无线接口通信控制模块数据错误、数据事件错误、数据延迟	4
	任务控制模块数据错误、数据事件错误	4
	路由模块路由时间和协议设置不一致或错误	4
	无线数传接口板故障	4
	PC/104 主机板故障	4
	天馈系统故障	3
	接口适配器故障	3
	键盘故障	3
	液晶显示器故障	2
	DSP 故障	4
	FPGA 故障	3

6. 生成 FAR 表

根据公式 6－1，得到 R_1 的 FAR 表(最后一列根据后向分析结果填写)如表 6.9 所示。

表 6.9　R_1 的 FAR 综合信息表

软硬件故障	编号	故障描述	故障模式	局部影响	系统影响	危害度等级	故障检验	维修策略
无线信道数据故障	S_1	软件程序各模块无线参数丢失	数据丢失	显示模块返回缺省数据	设备不能完成无线通信	4	调试软件各程序模块，检验语法错误	最大可能是嵌入式软件程序无线接口通信控制模块及任务控制模块，检验程序逻辑错误，验证无线参数
	S_2	软件程序各模块无线参数错误	数据错误	软件程序显示模块返回错误数据	设备不能完成无线通信	4	调试软件各程序模块，检验语法错误	
	S_3	软件程序各模块数据处理、转换错误	数据事件错误	软件程序显示模块返回错误数据	设备不能完成无线通信	4	调试软件各程序模块，检验逻辑错误	
	S_4	路由控制路由、时间不一致	事件延迟	路由控制模块无线参数延迟	不能完成“呼叫”功能	3	调试路由控制模块，检验逻辑错误	
	S_5	通信协议路由、时间错误	时序错误	路由控制模块无线参数错误	不能完成“呼叫”功能	3	调试路由控制模块，检验语法错误	
	S_6	天馈系统出现生锈等现象	设备老化	天馈系统不能正常发送无线数据	无线数传接口板接收数据故障	3	检修天线及接口模块	
	S_7	天馈系统出现断裂、腐蚀等现象	设备损坏	天馈系统不能发送数据	无线数传接口板接收数据故障	3	更换天线及接口模块	
	S_8	接口适配器老化、性能降低	设备老化	接口适配器不能正常传输数据	无线数传接口板接收数据故障	3	检修适配器及接口模块	
	S_9	接口适配器损坏、不能工作	设备损坏	接口适配器不能传输数据	无线数传接口板接收数据故障	3	更换适配器及接口模块	
	S_{10}	无线数传接口板线路板、元器件老化	设备老化	无线数传接口板不能正常接收数据	PC/104主机板接收数据故障	3	检修电路板、元器件及接口模块	
	S_{11}	无线数传接口板线路板、元器件损坏	设备损坏	无线数传接口板不能接收数据	PC/104主机板接收数据故障	3	更换电路板、元器件及接口模块	
	S_{12}	键盘按键损坏	设备损坏	键盘不能输入无线数据	PC/104主机板接收数据故障	3	更换键盘按键	
	S_{13}	FPGA损坏	设备损坏	FPGA不能接收键盘输入数据	PC/104主机板接收数据故障	3	更换FPGA及接口模块	
	S_{14}	DSP线路板、元器件老化	设备老化	DSP不能正常发送数据、接收返回数据	设备不能完成无线通信	4	检修电路板、元器件及接口模块	
	S_{15}	DSP线路板、元器件损坏	设备损坏	DSP不能正常发送数据、接收返回数据	设备不能完成无线通信	4	更换电路板、元器件及接口模块	
	S_{16}	PC/104主机板线路板、元器件老化	设备老化	PC/104主机板发送返回数据故障	系统无线数据显示错误	3	检修电路板、元器件及接口模块	
	S_{17}	液晶显示器老化	设备老化	液显不能正常显示数据	系统无线数据显示错误	2	检修液晶显示器	

6.4.2 R_1 的后向分析

通过上述软硬件故障的前向分析，基于 FTA 的建树原理，结合软硬件故障后向分析的建树思路，可构建 R_1 的后向分析节点树，进行 R_1 的定性、定量分析。

1. 确定各级节点

由于软硬件故障既能引起系统软件模块的失效，又能引起系统硬件模块的失效，因而可以将其确定为整个软硬件故障后向分析树的根结点。

后向分析树的中间节点就是系统中所有软硬件故障的基本模式，这在系统前向分析的故障模式影响表中已经分析过，并且具体结果已记录在相应的表格中，并有具体的编号，这些结果可以作为后向分析树的可能的中间节点。

从表 6.8 中可得到所有可能的系统软硬件失效模式，并选取这些失效模式作为后向分析扩展子树的底结点。以 R_1 为例，其各级节点的选取如下：

(1) 根结点：R_1；

(2) 软件扩展子树中间节点：S_1、S_2、S_3、S_4、S_5；

(3) 硬件扩展子树中间节点：S_6、S_7、S_8、S_9、S_{10}、S_{11}、S_{12}、S_{13}、S_{14}；

(4) 软件扩展子树底节点：软件程序所涉及的各个模块；

(5) 硬件扩展子树底节点：系统的各个硬件组成部分。

2. 建立后向分析树及扩展子树

根据节点分析的结果，可建立 R_1 的后向分析树及其扩展子树。具体过程如下：

(1) 建立根结点 R_1 的一级后向分析树。

从前面的分析结果中可以看出，对于软硬件故障 R_1，包括软件方面、硬件方面及软硬件结合方面的缺陷，根据前面软硬件故障后向分析的思路，软硬件结合方面的缺陷应归入硬件方面来考虑。延用 FTA 的相关符号，建立一级后向分析树如图 6.5 所示。

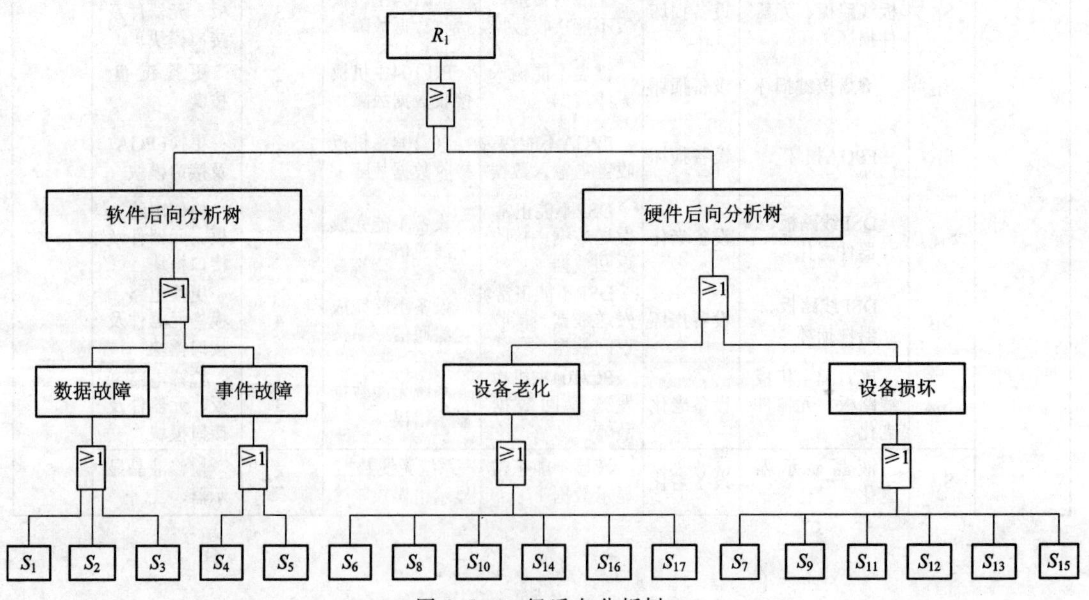

图 6.5　一级后向分析树

(2) 根据软硬件故障前向分析的结果，建立 R_1 的软件后向分析扩展子树，如图 6.6 所示。

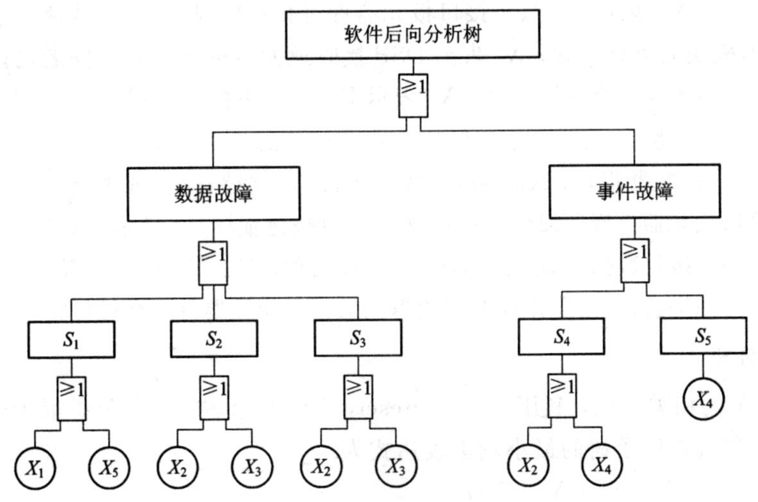

图 6.6　软件后向分析树

图中，事件 X_1 表示键盘模块故障；X_2 表示无线接口通信控制模块故障；X_3 表示任务控制模块故障；X_4 表示路由模块故障；X_5 表示显示模块故障。

(3) 根据软硬件故障前向分析的结果，建立 R_1 的硬件后向分析扩展子树，如图 6.7 所示。

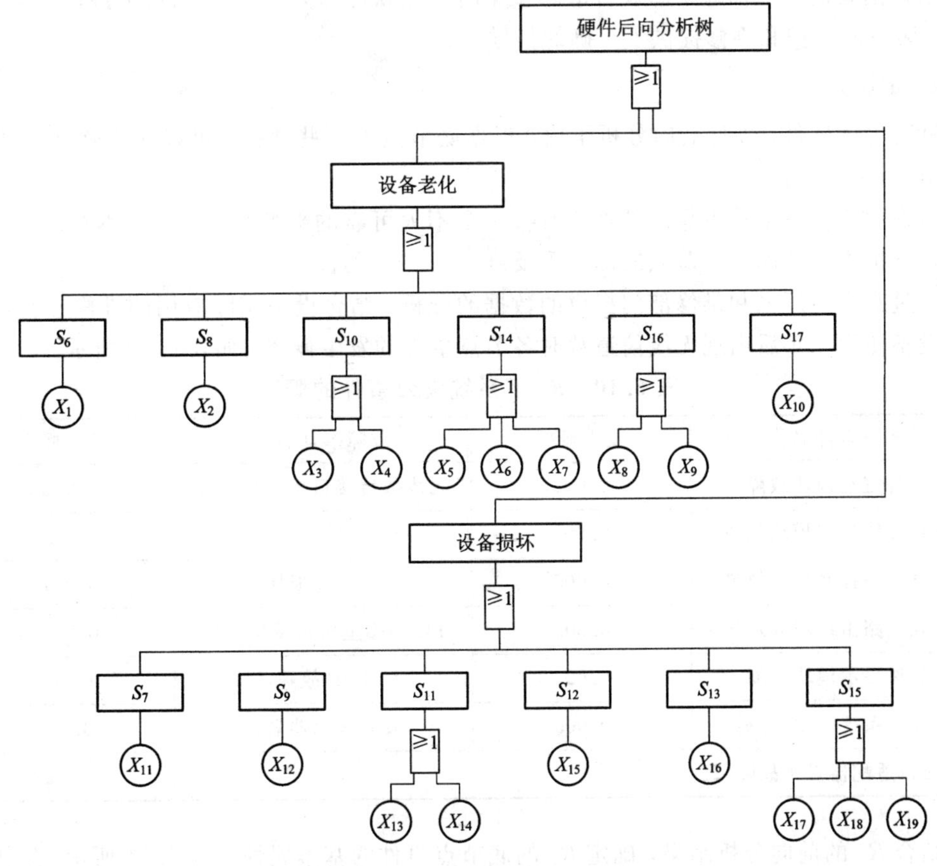

图 6.7　硬件后向分析树

图中，事件 X_1 表示天馈系统设备老化；X_2 表示接口适配器老化；X_3 表示无线数传接口板线路板老化；X_4 表示无线数传接口板元器件老化；X_5 表示 DSP 线路板老化；X_6 表示 DSP 发送数据模块元器件老化；X_7 表示 DSP 接收返回数据模块元器件老化；X_8 表示 PC/104 主机板线路板老化，绝缘性降低；X_9 表示 PC/104 主机板元器件老化，器件功能降低；X_{10} 表示液晶显示器老化，显示颜色不正常或显示信息不完整；X_{11} 表示天馈系统设备损坏；X_{12} 表示接口适配器损坏；X_{13} 表示无线数传接口板线路板出现短路、断路现象；X_{14} 表示无线数传接口板元器件损坏或烧毁；X_{15} 表示键盘按键损坏，不能输入数据；X_{16} 表示 FPGA 损坏，不能 FPGA 接收数据；X_{17} 表示 DSP 线路板出现短路、断路现象；X_{18} 表示$_DSP_{发}$送数据模块元器件损坏或烧毁；X_{19} 表示 DSP 接收返回数据模块元器件损坏或烧毁。

3. 定性分析

运用 FTA 的相关理论，利用 Fussel-Vesely 方法对上述后向分析扩展子树进行定性分析，分别求得各级扩展子树的最小割集表达式为

$$R_{1STREE}=X_1+X_2+X_3+X_4+X_5;$$

$$R_{1HTREE}=X_1+X_2+X_3+X_4+X_5+X_6+X_7+X_8+X_9+X_{10}+X_{11}+X_{12}+X_{13}+X_{14}+X_{15}+X_{16}+X_{17}+X_{18}+X_{19}$$

式中，STREE 表示软件子树，HTREE 表示硬件子树。

上述割集清晰地描述了软硬件故障发生时各级软件部分故障和硬件部分故障的详细信息，为装备的维护和维修提供了正确的指导。

4. 定量分析

针对上述软件、硬件后向分析子树，根据底节点的一些数据，可以完成软硬件故障后向分析的定量分析。

考虑到改善一个较可靠的部件比改善一个不太可靠的部件难的性质，本章的 *BDA* 技术定量分析主要考虑各底节点的加权重要度。

通过对生产厂家和维修部门提供的数据的分析，结合设备实际应用的维修经验，得到典型设备使用三年后出现无线信道数时各节点事件的发生概率，如表 6.10 所示。

表 6.10 R_1 下系统失效事件的概率

故障事件名称	发生概率	故障事件名称	发生概率
软件键盘模块故障	0.002	无线数传接口板发生故障	0.0033
软件无线接口模块故障	0.005	键盘按键损坏	0.006
软件任务控制模块故障	0.005	FPGA 损坏	0.0015
软件路由模块故障	0.002	PC/104 主机板发生故障	0.0008
软件显示模块故障	0.003	DSP 故障	0.003
天馈系统发生故障	0.005	液晶显示器老化	0.003
接口适配器发生故障	0.002		

结合 R_1 的前向分析结果，确定 R_1 的底节点事件的基本属性如表 6.11 所示(表中 S 表示软件，H 表示硬件)。

表 6.11　R_1 下底节点事件的基本属性

序号	底节点代码	底节点概率	概率等级	危害度等级	检验难度
1	R_{1SX1}	0.002	3	4	2
2	R_{1SX2}	0.005	5	4	2
3	R_{1SX3}	0.005	5	4	2
4	R_{1SX4}	0.002	3	4	2
5	R_{1SX5}	0.003	4	4	2
6	R_{1HX1}	0.003	4	3	1
7	R_{1HX2}	0.0012	2	3	2
8	R_{1HX3}	0.0008	1	3	2
9	R_{1HX4}	0.0014	2	3	3
10	R_{1HX5}	0.0004	1	4	2
11	R_{1HX6}	0.0008	1	4	3
12	R_{1HX7}	0.0008	1	4	3
13	R_{1HX8}	0.0003	1	3	2
14	R_{1HX9}	0.0005	1	3	3
15	R_{1HX10}	0.003	4	2	1
16	R_{1HX11}	0.002	3	3	2
17	R_{1HX12}	0.0008	1	3	2
18	R_{1HX13}	0.0005	1	3	3
19	R_{1HX14}	0.0006	1	3	3
20	R_{1HX15}	0.006	5	3	2
21	R_{1HX16}	0.0015	2	3	4
22	R_{1HX17}	0.0002	3	4	3
23	R_{1HX18}	0.0004	1	4	3
24	R_{1HX19}	0.0004	1	4	3

按照公式(6－2)建立 R_1 的决策矩阵为

$$\boldsymbol{R}=\begin{bmatrix}3 & 4 & 2\\ 5 & 4 & 2\\ \vdots & \vdots & \vdots\\ 1 & 4 & 3\end{bmatrix}$$

将上式按照公式(6－3)进行规一化处理，得到规范化矩阵：

$$\boldsymbol{Y}=\begin{bmatrix}0.2224 & 0.2357 & 0.1650\\ 0.3706 & 0.2357 & 0.1650\\ \vdots & \vdots & \vdots\\ 0.0741 & 0.2357 & 0.2474\end{bmatrix}$$

结合实际维修经验，对底节点故障事件的基本属性进行成对比较，通过特征矢量法求得权重系数矢量为 $\boldsymbol{X}=(0.2872, 0.4205, 0.2923)$；按照公式(6-4)计算加权规范化决策矩阵为

$$\boldsymbol{Z}=\boldsymbol{X}\cdot\boldsymbol{Y}=\sum_{i=1}^{3}\sum_{j=1}^{24}X_iY_{ji}=\begin{bmatrix}0.0661 & 0.0991 & 0.0482\\ 0.1064 & 0.0991 & 0.0482\\ \vdots & \vdots & \vdots\\ 0.0213 & 0.0991 & 0.0723\end{bmatrix}$$

按照规则 6-2，求得各底节点事件的加权重要度为：$I_{R1SX1}=0.2134$，$I_{R1SX2}=0.2537$，$I_{R1SX3}=0.2537$，$I_{R1SX4}=0.2134$，$I_{R1SX5}=0.2325$，$I_{R1HX1}=0.1836$，$I_{R1HX2}=0.1651$，$I_{R1HX3}=0.1438$，$I_{R1HX4}=0.1892$，$I_{R1HX5}=0.1686$，$I_{R1HX6}=0.1927$，$I_{R1HX7}=0.1927$，$I_{R1HX8}=0.1438$，$I_{R1HX9}=0.1679$，$I_{R1HX10}=0.1589$，$I_{R1HX11}=0.1886$，$I_{R1HX12}=0.1438$，$I_{R1HX13}=0.1679$，$I_{R1HX14}=0.1679$，$I_{R1HX15}=0.2289$，$I_{R1HX16}=0.2133$，$I_{R1HX17}=0.2375$，$I_{R1HX18}=0.1927$，$I_{R1HX19}=0.1927$。

结合上述分析结果，按规则 6-2 对各底节点加权重要度的数值排序，结果如下：$I_{R1SX2}\geqslant I_{R1SX3}>I_{R1HX17}>I_{R1SX5}>I_{R1HX15}>I_{R1SX1}\geqslant I_{R1SX4}>I_{R1HX16}>I_{R1HX6}\geqslant I_{R1HX7}\geqslant I_{R1HX18}\geqslant I_{R1HX19}>I_{R1HX4}>I_{R1HX11}>I_{R1HX5}\geqslant I_{R1HX9}>I_{R1HX1}\geqslant I_{R1HX13}\geqslant I_{R1HX14}>I_{R1HX2}>I_{R1HX10}>I_{R1HX3}\geqslant I_{R1HX8}\geqslant I_{R1HX12}$

根据上述重要度的排序结果，可以完成 FAR 表最后一列的填写，得到 R_1 的综合 BDA 分析结果。

6.4.3 实例结果分析

本章利用传统 FMEA 和 FTA 技术对上述典型设备的软硬件故障 R 进行了分析。与传统 FTA 和 FMEA 技术相比，BDA 方法在典型设备的软硬件故障分析诊断方面取得了更好的效果，实例分析结果如表 6.12 和表 6.13 所示。

表 6.12 FMEA 技术分析结果

软硬件故障	故障模式	故障影响	故障检验	安全等级
无线信道数据故障	数据错误	软件程序输出错误数据，液晶显示器显示错误	检验嵌入式软件程序，校验数据参数	Ⅱ
	时序错误	路由、时间错误，不能完成“呼叫”功能	校验路由及时间参数是否一致	Ⅱ
	设备老化	无线数传接口板老化，不能完成设备自检	检查设备元器件是否出现老化现象	Ⅱ
	设备损坏	无线数传接口板损坏，不能完成设备自检	检查设备元器件是否损坏	Ⅱ
	设备损坏	键盘按键损坏，不能完成数据输入	检查键盘按键是否损坏	Ⅲ
	设备损坏	液晶显示器损坏，不能正常显示数据	检查液晶显示器是否损坏	Ⅲ

表 6.13　FTA 技术分析结果

软硬件故障	故　障　树	故障最小割集	故障维修
无线信道数据故障	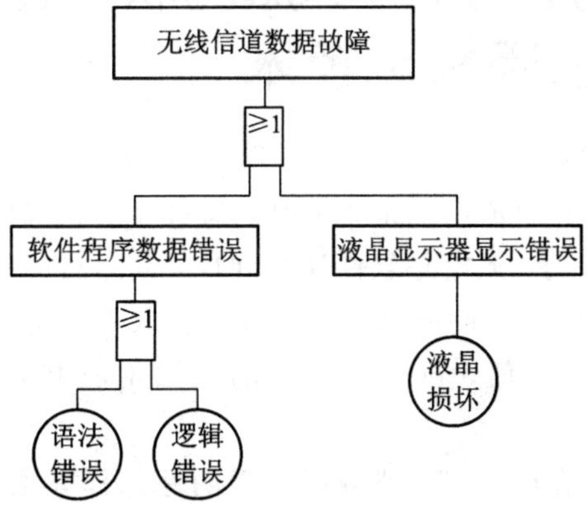 无线信道数据故障 ≥1 软件程序数据错误　液晶显示器显示错误 ≥1 语法错误　逻辑错误　液晶损坏	软件程序语法错误＋逻辑错误＋液显损坏	调试软件程序，检验过程数据，更换液晶显示器

对于典型设备的软硬件故障分析来说，BDA 是从故障描述引入的，而传统的 FMEA 和 FTA 技术是从故障现象引入的，故障描述与故障现象相比，表述更加详细、更加具体、也更加具体。例如，“电灯不亮”和“灯丝烧断造成电灯不亮”，前者是故障现象表述，而后者是故障描述表述。

比较表 6.9、表 6.12 及表 6.13 的分析结果可以看出，在软硬件故障的分析方面，软硬件故障 BDA 方法的分析结果明显优于 FMEA 和 FTA 技术。传统的 FMEA 和 FTA 技术是根据故障现象考虑系统的故障模式的，都存在着遗漏，而软硬件故障的 BDA 方法是基于软硬件故障的划分结果，根据故障描述来研究故障模式的，因而考虑更加全面，特别是对软硬件组合产生的故障模式进行了分析，如表 6.9 中的软硬件组合部件(DSP)的发送数据及接收返回数据，因此可以提出更好的解决方案和诊断策略。

第7章　基于阴性选择算法的软件密集型装备故障检测技术

软件密集型装备功能越强大，其组成结构也越复杂，通过建立精确的数学模型来完整描述和分析软硬件故障是不切实际的。无论是软件还是硬件，其运行时的数据都体现了系统的状态和行为。因此，在模型分析受限制的情况下，可以获取系统运行时的数据，进行分析和处理得到能表征系统状态的数值，再通过一定的方法检测和判别软硬件故障的发生。

本章分析了软硬件故障检测存在的问题，研究了基于阴性选择算法的故障检测方法，并针对软硬件故障样本的特征建立了矩阵式阴性选择算法，通过实例说明了算法的性能和有效性。

7.1　软件密集型装备的故障检测

7.1.1　故障检测问题与分析

软件密集型装备是软件和硬件紧密结合的复杂系统，通常情况下可以建立前面所述的Petri网和FTA模型，进行软硬件故障分析。但是，许多软硬件故障及其故障模式是未知的，难以用先验知识表达。进而言之，软件和硬件之间的相互作用在软件密集型装备的运行过程中变得更为复杂，使得产生的软硬件故障具有不可预知性，这就很难获得充分的故障知识进行建模和分析。因此，需要寻求针对无先验知识的软硬件故障的检测方法。

在软件密集型装备的执行过程中，其执行过程和产生的数据都体现出了软件密集型装备的状态和行为。如果能够获取软件密集型装备正常执行时的样本数据，就可以通过比较当前执行数据和样本数据之间的差别来判断系统是否发生异常，从而判断软件密集型装备是否发生了故障。

图7.1所示是由一个软件模块A和硬件模块B组成的循环检测和控制灯的简单系统。软件模块包括以下3个部分：

(1) 延时程序：延时1秒；执行时，软件状态为0；

(2) 亮灯程序：如果灯灭，则发送1到接口，使灯亮；执行时，软件状态为1；

(3) 灭灯程序：如果灯亮，则发送0到接口，使灯灭；执行时，软件状态为2。

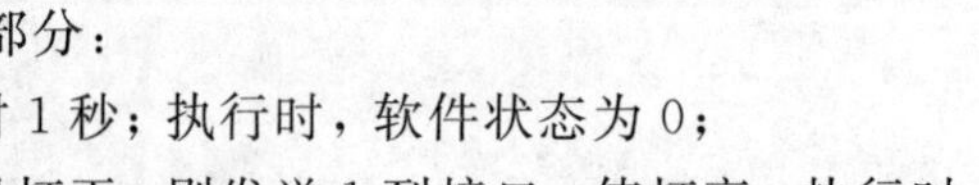

图7.1　简单系统示例

硬件模块是指灯，灯亮时，用状态1表示，灯灭时，用状态0表示。如果用向量$P=(P_A, P_B)$表示系统的状态，则可能的状态数据为：$P_1=(0, 0)$，$P_2=(1, 0)$，$P_3=(0, 1)$，

$P_4=(2, 1)$。

在系统正常运行下，得到的执行的序列为

$$P_1 \to P_2 \to P_3 \to P_4 \to P_1 \to P_2 \to P_3 \to P_4 \cdots$$

如果灯发生故障，始终是灭的，则得到的执行序列为

$$P_1 \to P_2 \to P_1 \to P_2 \cdots$$

由此可见，系统在正常和故障情况下形成的执行序列存在明显的区别，可以通过分析系统的执行序列来检测故障的发生。进一步分析，系统的执行序列是重复进行的，因而有固定的规律可循。如果将连续的两个序列作为一种运行模式，如 $P_1 \to P_2$，则系统在正常运行下的运行模式有 $P_1 \to P_2$、$P_2 \to P_3$、$P_3 \to P_4$ 和 $P_4 \to P_1$，而在灯发生故障的情况下的运行模式有 $P_1 \to P_2$、$P_2 \to P_1$，两者相比较就可以发现故障产生的运行模式为 $P_2 \to P_1$。这就表明，可以通过对比运行模式检测故障的发生。再分析该故障的性质，由于硬件故障，导致软件只执行延时程序和亮灯程序，而不会执行灭灯程序，说明硬件故障传播到了软件，使得软件的执行行为发生了改变。这就说明，该故障不是简单的硬件故障，而是硬件引发的软硬件故障。实际上，软件和硬件的交互和故障的传播使得故障判断上出现了歧义，从现象上看，灯不亮可能是灯故障，也有可能是亮灯程序发生了故障，不能判断出是发生了软件故障还是硬件故障。如果将 $P_1 \to P_2$、$P_2 \to P_3$、$P_3 \to P_4$ 和 $P_4 \to P_1$ 视为软件和硬件执行正常的相互作用所形成的运行模式，则 $P_2 \to P_1$ 为发生软硬件故障时的运行模式。

通过上面的讨论可以发现，软硬件相互作用会导致软件故障或硬件故障在软件和硬件之间相互传播，形成软硬件故障，同时产生不符合正常软硬件相互作用的运行模式，这为软硬件故障的检测提供了依据。如果系统规模较大，包含的模块数较多，将很难获取系统所有的正常运行模式。为此，将运行模式转化为可以进行数学分析的形式，即将两个连续的状态数据 P_i 和 P_j 组合成一个矩阵 $\mathbf{A}=[P_i^{\mathrm{T}} \quad P_j^{\mathrm{T}}]$来表示运行模式。这样就不需要去获取系统所有的运行模式，而是获取常见的运行模式，组成样本集，分析其在数据上存在的内部关系，然后通过分析待测数据是否满足数据的内部关系来检测软硬件故障是否发生。

7.1.2 相关概念与定义

在上述分析的基础上，为了便于讨论软硬件故障的检测问题，引入如下定义。

软件密集型装备是一个由软件和硬件构成的复杂系统，将其定义如下：

定义 7.1 软件密集型装备 M 由 a 个软件模块和 b 个硬件模块组成，分别用 $M_S=\{S_1, S_2, \cdots, S_a\}$ 和 $M_H=\{H_1, H_2, \cdots, H_b\}$表示，则 M 可以表示为

$$M=\{C_1, C_2, \cdots, C_m\}$$

其中，$m=a+b$，$C_i \in M_S \cup M_H$。

定义 7.2 软件密集型装备 M 在 t 时刻的状态定义为

$$P^t=(P_1^t, P_2^t, \cdots, P_m^t)$$

其中，P_i^t 表示 C_i 当前的状态，如果 $C_i \in M_S$，那么 P_i^t 是指软件模块的状态；如果 $C_i \in M_H$，那么 P_i^t 是指硬件模块的状态。

软件密集型装备某一时刻的状态是系统执行的结果，不足以反映出系统的行为特征。但如果将连续的状态组合在一起，就可以描述出软件密集型装备的行为和过程。

定义 7.3 软件密集型装备 M 的两个相邻时刻的状态构成的矩阵称为 M 在 t 时刻的

运行模式，用 $E^t = [P^{(t-1)T} \quad P^{tT}]$表示。

运行模式是软件密集型装备的行为在状态上的映射，是软件密集型装备内部软件和硬件模块运行及相互作用的外在表现。结合前面的分析，可以通过检测运行模式的异常来判断软硬件故障是否发生。

7.1.3 故障检测框架

基于上述定义，本章给出了软件密集型装备软硬件故障检测方法，如图 7.2 所示。其主要思想是：获取软件和硬件的状态参数，进行预处理，提取相互作用组成系统的样本数据，获取系统的监控数据作为待检测数据，与样本数据一起输入到检测算法中，通过检测算法检测出存在软硬件故障的数据。

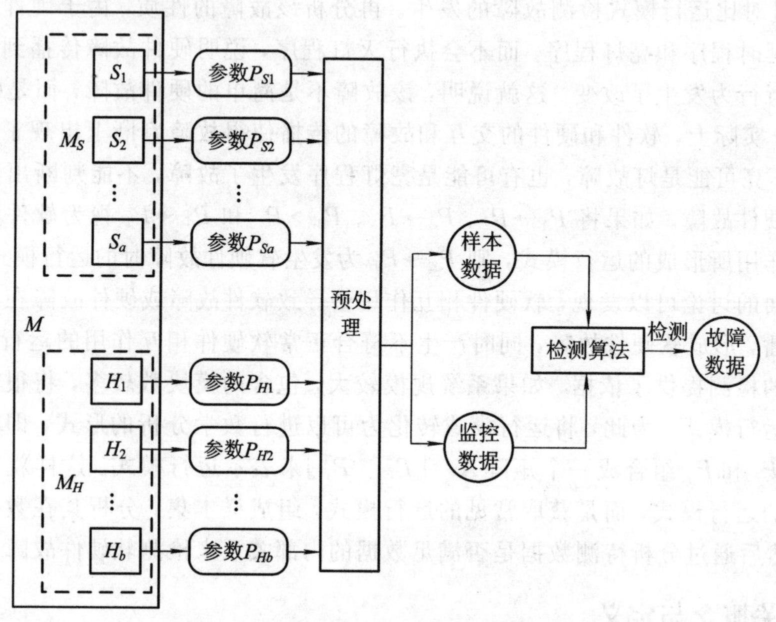

图 7.2 软件密集型装备故障检测框架

故障检测需要解决的核心问题是选取合适的检测算法。从数据上分析，获取的样本相对于整个状态空间的数据而言，所占比例很小；同时样本是由多个软件模块和硬件模块的量度不一致的数据组合而成的，很难从数据上直接提取出合适的特征。此外，由于软件密集型装备在一般情况下不容易发生故障，可获得的故障样本集很少。考虑到这些因素，本章选取了阴性选择算法用于软硬件故障的检测，阴性选择算法可实现无先验知识的异常检测，不仅适用于小样本检测且具有较好的识别能力。

7.2 阴性选择算法

7.2.1 基本原理

生物免疫系统的物质基础是骨髓产生的淋巴细胞，其中重要的是 T 淋巴细胞和 B 淋巴细胞。T 细胞在抵御外来攻击时，起着协调免疫系统各部分功能的作用。在骨髓中产生的未成熟 T 细胞进入胸腺，并经历亲和力成熟阶段，能匹配并识别人类自体细胞的 T 细胞被消灭，而不识别自体的 T 细胞则成为成熟的 T 细胞，成为发挥免疫功能的免疫细胞。这个识别、清除自体细胞的过程称为阴性选择。

基于上述机制，Forrest 提出了阴性选择算法，其原理如图 7.3 所示，可归结为以下 3 个过程：

(1) 定义自我集为长度是 L 的有限字符串集合 S，集合 S 需要保护或检测，可以是程序、文件或活动模式，也可以被分割成子字符串形式。

(2) 随机产生检测器集 R，且 R 中的每个元素都不与 S 中的任何串匹配，其中两个串匹配是指当且仅当其至少有 r 个连续位置相同，r 为可选参数。

(3) 比较 R 与待检测集以监测变化，如果任何检测器与待检测集匹配，则认为发生异常。

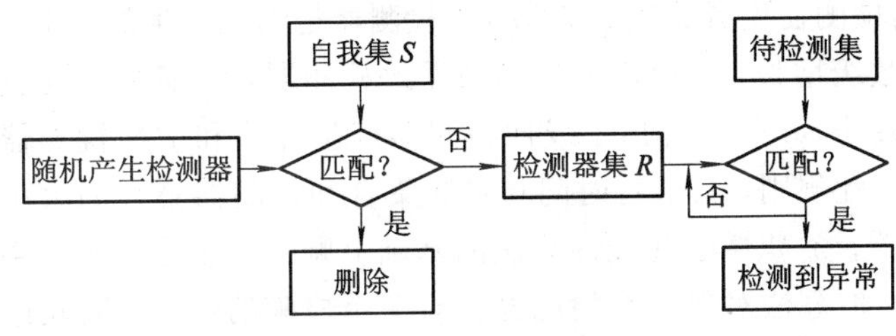

图 7.3　阴性选择算法原理

7.2.2　应用和改进

故障检测的目的是识别系统的故障状态，与生物免疫系统检测、识别和杀伤来自生物体内和体外称为抗原的非己物质存在惊人的相似之处，因此可以仿效生物免疫系统的自我/非我识别机理，建立阴性选择算法进行故障的检测。

Dasgupta 等人基于阴性选择机制提出了一种用于检测工具损坏的方法，工具的检测被转化为检测切割力的改变，将检测到的切割力变化模式与正常模式比较，确定工具是否损坏。

刘树林等人对阴性选择算法进行了改进，利用故障模式空间对检测器进行分类和筛选，应用在旋转机械和卫星电源系统的故障诊断中，取得了较好的故障检测效果并且能识别故障的模式。

任伟建等人应用阴性选择算法产生初始抗体，然后通过克隆、变异、克隆选择、自我调节和免疫记忆等机理对能够表示和识别抗原即故障的记忆抗体，以及故障形式进行识别，该方法成功应用于抽油机井故障诊断，适合故障数据难以获得的小样本情况。

Amaral 等人利用小波分解对模拟信号进行预处理，提出了基于实值阴性选择算法的模拟电路诊断方法，可用于检测对电路的输出产生影响的故障，而后利用四叉树分解改进了检测器生成算法，获得了更好的故障检测效果。

Dasgupta 等人通过传感器获取正常的飞行数据作为样本数据控制检测器的生成，形成了基于阴性选择算法的飞行器故障检测方法，并开发了多级免疫学习检测工具(Multi-level Immune Learning Detection)，可用于检测飞行器未知和不可预测的故障。

由此可见，由于阴性选择算法具有易于分析和实现、不需要先验知识、适合于小样本故障检测，以及具有很强的鲁棒性和并行性等优点，因此在故障检测和诊断领域得到了广泛的应用。在应用过程中，阴性选择算法得到进一步的扩展和改进，主要表现在以下三个方面：

1）状态空间表示形式的改进

Forrest 提出的阴性选择算法的状态空间用二进制字符串表示，该算法对问题的划分较为简单，很容易通过数学的方法对数据进行分类和检测。但是，该算法只能表示有限的系统状态，与系统最初的问题空间存在较大区别。为此，Gonzalez 提出了实值阴性选择算法，用实数值形式来刻画状态空间，用实值表示的自我集更能体现出样本的数据特征，接近于最初的问题空间。此外，也可以利用实值空间的几何性质加快阴性选择算法的速度。随着状态空间的改变，阴性选择算法的匹配规则也发生了改变，在二进制状态空间中，匹配规则有完全匹配、连续 r 比特匹配和 Hamming 距离匹配；而在实值空间中，匹配规则都是基于 Euclidean 距离。

2）检测器生成算法的改进

Forrest 提出的检测器生成算法是穷举法，检测器是随机产生的，算法的时间复杂度随着自我集增长呈指数级增长，且会产生大量的无效检测器，不能很好地覆盖非我空间。针对这些问题，D'haeseleeer 等人提出了线性检测器产生算法和贪婪检测器产生算法，线性算法使用 r 连续位匹配规则，其运行时间与自我集合和检测器集合的大小呈线性关系，但也会产生冗余检测器；贪婪算法在线性算法的基础上删除了多余的检测器，能够实现对非我空间较好的覆盖，但算法对每一个检测器都有一个检验的过程，因此计算时间复杂度较高。Wierzchon 受贪婪算法的启发提出了具有线性时间复杂度的二进制模板算法，它能够产生最小的有效检测器集合，且解决了无效检测器的问题，但同样要付出比线性算法更大的时间代价。Castro 和 Timmis 提出了一种变异阴性选择算法，在变异中引入了候选检测器的存活时间计数器，使得算法所需要的时间复杂度与穷举法几乎相同，并且该算法能够删除冗余检测器，选择合理的参数将使该算法具有很好的性能。

3）算法功能的改进

阴性选择算法通常只能检测自己串有无变化，不能检测自己串发生了何种类型的变化，也就是说，在故障诊断问题中只能判别故障是否发生，而不能识别故障的类型。针对这个不足，刘树林等人引入了故障模式空间，生成检测器时将检测器空间与故障模式空间的各故障模式信号匹配，消除与两种以上故障模式匹配的检测器，使得每类检测器子集对应一种故障模式，从而使得阴性选择算法能检测出故障的同时，也能识别出故障的类型。杨江云等人将故障模式作为训练数据，以 Euclidean 距离作为适应度函数，基于遗传算法产生检测器，所形成的改进算法对已有的故障模式敏感性很强，可用于故障的检测和故障类型的判别。

7.3 矩阵式阴性选择算法

本章的检测对象的自我/非我空间是用矩阵表示的，也就是说，状态空间不是简单的实数向量形式，而是实数矩阵。进一步分析，从矩阵所代表的值来看，每个值代表的是系统内部某个模块的状态，任何一列表示的是系统状态的值，列向量之间不存在线性关系，这就难以将其映射到向量空间。为此，需要将矩阵所有的列依次连接，转化为一个更高维的向量，再利用现有的实值阴性算法进行检测，但这种处理方式不仅不能体现出矩阵的列与列之间的数值特征，而且形成的向量维数巨大，会严重影响算法的性能。为此，本章将研究矩阵表示形式下的匹配规则和检测器生成算法，形成矩阵式阴性选择算法。

7.3.1 自我集和检测集

为了描述系统的状态所表达的行为，本章将连续的多个状态组合在一起构成自我集。

定义 7.4 自我集定义为 $S=\{S^1, S^2, \cdots, S^p\}$，$S=p$，其中，自我集元素 S^i 为系统正常执行时 n 个连续状态所构成的集合，表示为一个 $m\times n$ 的矩阵

$$\boldsymbol{S}^i = \begin{bmatrix} P_1^i & P_1^{i+1} & \cdots & P_1^{i+n-1} \\ P_2^i & P_2^{i+1} & \cdots & P_2^{i+n-1} \\ \vdots & \vdots & \ddots & \vdots \\ P_m^i & P_m^{i+1} & \cdots & P_m^{i+n-1} \end{bmatrix}$$

在阴性选择算法中，检测器和自我集元素在数据形式上应保持一致，因此检测集也定义为矩阵形式。

定义 7.5 检测集定义为 $\boldsymbol{D}=\{D^1, D^2, \cdots, D^q\}$，$|D|=q$，其中，检测器 $\boldsymbol{D}^i$ 是一个 $m\times n$ 的矩阵

$$\boldsymbol{D}^i = \begin{bmatrix} D_{11}^i & D_{12}^i & \cdots & D_{1n}^i \\ D_{21}^i & D_{22}^i & \cdots & D_{2n}^i \\ \vdots & \vdots & \ddots & \vdots \\ D_{m1}^i & D_{m2}^i & \cdots & D_{mn}^i \end{bmatrix}$$

其中，$\min(P_j)<D_{jk}^i<\max(P_j)$，也就是说，$D^i$ 中的第 j 行的每个元素都介于 S^i 中第 j 行的最大值和最小值之间。这样可以减少检测器的生成空间，以获得更为有效的检测器。

7.3.2 距离和匹配规则

在阴性选择中，通过计算亲合度来决定 T 细胞与自体细胞的匹配程度。在此基础上，Forrest 提出了连续 r 匹配规则，即二进制字符串的 r 个连续位相同；在实值空间，则是通过计算自我集元素和检测集元素的 Euclidean 距离，再根据距离是否小于域值来判断是否匹配。本章中，自我/非我空间的数据都是实数，如果不用距离表示，将很难反映出数据本质上的相似和差异。考虑到自我集和检测集都是矩阵形式的，本章定义了行向量距离和矩阵距离，用以描述自我集元素和检测集元素的匹配程度，并在此基础上建立了先半径后范围的匹配规则。

自我集元素每行的值都代表同一模块的状态，具有数据上的可对比性，因而先定义行向量的距离。

定义 7.6 自我集元素 S^i 第 k 个行向量 P_k 与检测集元素 D^i 的第 k 个行向量 D_k^i 的距离 $d_k(S^i, D^i)$ 定义为

$$d_k(S^i, D^i) = \frac{\| P_k - D_k^i \|_2}{(| P_k |^2 + | D_k^i |^2)^{1/2}} = \sqrt{\frac{\sum_{j=1}^{n} (P_k^{i+j-1} - D_{kj}^i)^2}{\sum_{j=1}^{n} [(P_k^{i+j-1})^2 + (D_{kj}^i)^2]}} \tag{7-1}$$

$d_k(S^i, D^i)$是归一化的 Euclidean 距离，也反映出了 S^i 和 D^i 对应行向量的相似程度，在此基础上可以定义矩阵距离来建立 S^i 和 D^i 的量度。

定义 7.7 自我集元素 S^i 与检测集元素 D^i 的矩阵距离为行向量距离所构成向量的 2 范数，表示为

$$d = \| d(S^i, D^i) \|_2 = \sqrt{\sum_{l=1}^{m} d_l(S^i, D^i)^2} \tag{7-2}$$

矩阵距离的引入将两个矩阵存在的关系从多维空间映射为一个可比较的值，为建立匹配规则和阴性选择算法提供了统一的量度。

在阴性选择算法中，要进行两次匹配，即检测器生成时的匹配和检测监控数据时的匹配。传统算法中，这两个过程采用的都是同一种匹配规则。实际上，在实值阴性选择算法中，生成的检测器 D^i 通过阴性选择后，其与自我集之间的距离介于一个最小值 $d_{\min(D^i, S)}$ 和最大值 $d_{\max(D^i, S)}$ 之间，因此，可以根据最小值和最大值之间构成的环形区域将自我和非我空间进行划分。如图 7.4(b)所示，D^1 和 D^2 是通过阴性选择生成的检测器，阴影区域就是两个检测器划分出的自我区域，而阴影区域之外的空间则是非我空间。这就表明，可以利用检测器和自我集的距离范围作为匹配规则。

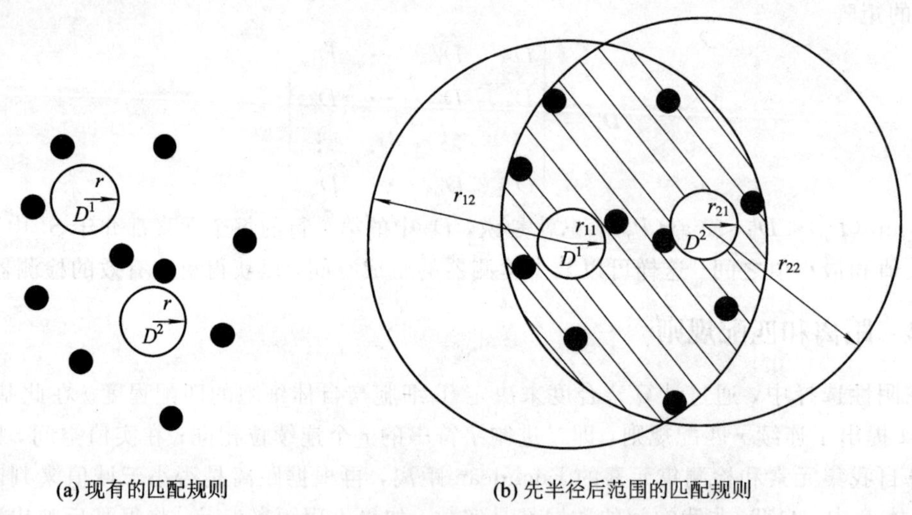

图 7.4 不同匹配规则下的自我/非我空间

基于上述分析，本章建立了先半径后范围的匹配规则：先用自我集半径生成检测器，然后根据每个检测器和自我集之间的距离范围来检测非我。图 7.4(a)为现有的匹配规则，图 7.4(b)为先半径后范围的匹配规则。将两者进行对比可以看出，现有的匹配规则中，检测器生成和检测监控数据都采用同一半径，固定的半径限制了检测器对自我和非我空间的分辨能力；而先半径后范围的匹配规则在检测非我时利用生成的检测器内在的距离特征，将自我集空间限制于环形区域之内，从而增大了对非我空间的覆盖，因而较少数量的检测器就可以较好地划分自我和非我空间。此外，由于检测器的检测半径是可变化的，也可以较好地实现对复杂非我空间的覆盖，因此先半径后范围的匹配可以缩小因半径定长而导致的孔洞。

7.3.3 检测器生成算法

在实值空间中，由于空间较为复杂，并且难以建立合适的度量方法，因此目前还没有形成一个确定性的检测器生成机制。最简单的检测器生成算法是产生确定数量的检测器，随机生成检测器，判断检测器是否合法，当合法检测器达到一定数量就退出算法。这种算法没有考虑到检测器对非我空间的覆盖，生成的检测器对异常的检测是不确定的，也就是说检测效果时好时坏。Gonzalez 等人提出了类似于贪婪算法的检测器生成算法，通过不断更新检测器来产生覆盖"非我"区域的一个检测器集合，其检测器更新遵循两个原则：一方面使检测器远离自我样本；另一方面让检测器尽量分散，能够最大限度地覆盖非我空间。而后，Gonzalez 等人用 Monte Carlo 方法评估自我和非我空间，计算所需的检测器数量，并用模拟退火方法优化检测器在非我空间的分布，与 Gonzalez 等人的方法相比，该方法有效缩短了计算时间，并且生成的检测器具有更大的非我空间覆盖。Ji 提出了基于 V-detector 的检测器生成方法，通过在检测器生成过程中估计覆盖率来决定需要生成的检测器数量，同时生成半径变化的检测器以获得更好的覆盖。由于覆盖率的计算集成于检测器生成过程，使得该方法不需要增加额外的代价，并且该算法使用 Monte Carlo 方法估计覆盖率，不需要考虑检测器空间的重叠。

本章中的自我/非我是用矩阵表示的空间，问题空间比实值向量空间更为复杂，很难建立准确的方法来计算检测器对空间的覆盖。为此，借鉴 ZhouJi 等人的假设检验思想，给出了基于覆盖检验的检测器生成算法，评估检测集对非我空间的覆盖来引导检测器的生成。该算法如图 7.5 所示，其主要思想是：在取样的总次数 N_R、所要求的覆盖比例 p 和显著性水平 α 确定的情况下，采用参数 N_T 记录在 N_R 取样过程中，样本被检测器集合覆盖这一事件发生的次数，如果

$$\frac{N_T}{\sqrt{N_R p(1-p)}}-\sqrt{\frac{N_R p}{1-p}}\geqslant z_\alpha$$

则接受检测集对非我空间的覆盖比例达到 $p_{\min}$ 的假设，反之，则继续增加新的检测器扩充检测器集合。

Input: S(self set), r_S(radius), p(coverage rate), z_α(α is significance level), $N_{\max}$(the maximum of detectors)

Output: D(detector set)

Step 1: $D \leftarrow \varnothing$

Step 2: $k \leftarrow 0$

Step 3: $j \leftarrow 0$

Step 4: Repeat

Step 5: $r \rightarrow$ infinite

Step 6:   overlay ← false

Step 7: $x \leftarrow$ random sample from $[a_{ij}]_{n\times b}$

Step 8: $k \leftarrow k+1$

Step 9:   for every D^i in $D=\{D^1, D^2, \cdots, D^q\}$

Step 10: $d_D \leftarrow$ matrix distance between x and D^i

Step 11： if $d_D \leqslant r(D_i)$ ($r(D_i)$ is the detector radius of D_i)

Step 12： overlay←true

Step 13： if overlay=true

Step 14： $j \leftarrow j+1$

Step 15： if $\frac{j}{\sqrt{kp(1-p)}}-\sqrt{\frac{kp}{1-p}} \geqslant z_a$ then return D

Step 16： else

Step 17： for every S^i in $S=\{S^1, S^2, \cdots, S^p\}$

Step 18： d_S←matrix distance between x and S^i

Step 19： if $d_S - r_S \leqslant r$ then $r \leftarrow d - r_S$

Step 20： if $r \geqslant 0$ then $D \leftarrow D \cup \{<x, r>\}$

Step 21：until $|D| = N_{\max}$

Step 22：return D

图 7.5 基于覆盖检验的检测器生成算法

若自我集元素个数为 p，最后产生的检测器数量为 N_f，则基于覆盖检验的检测器生成算法的时间复杂度为 $O(N_f p)$。与产生固定数量的检测器算法相比，由于用检测器检测范围进行覆盖检验，产生的检测器规模将极大限度的缩小，N_f 一般都远小于固定的检测器数量，因而算法的时间复杂度有显著的降低。此外，算法获取检测器的检测范围集成于检测器的生成过程中，不会对算法性能产生影响。

基于覆盖检验的检测器生成算法为矩阵空间的检测器生成提供了有效的方法，具有以下突出的优点：

(1) 采用覆盖检验来估算非我空间覆盖，避免了通过计算超空间体积等方法来求覆盖率的复杂过程，计算出的覆盖率较为准确和有效。

(2) 改进了检测器的生成过程，采用变长方法生成检测器，使得较少数量的检测器可达到更好的覆盖，减少了检测器生成的时间。

7.3.4 矩阵式阴性选择算法

基于上述定义和分析，本章给出了矩阵式阴性选择算法，如图 7.6 所示。

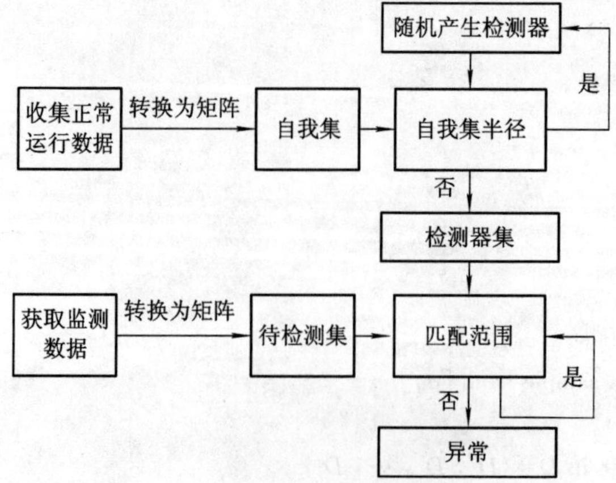

图 7.6 矩阵式阴性选择算法原理图

算法的具体细节如图 7.7 所示。

Step 1：收集系统 m 个模块正常运行时的数据，编码成 y 个实数向量；

Step 2：选择参数 n，将连续 n 个向量组合成 $m\times n$ 矩阵，所得的 $y-n+1$ 个矩阵构成自我集 S；

Step 3：通过算法 3.1 的产生 N_f 个检测器，构成检测集 D，每个检测器 D^i 的检测范围为环形区域：$[d_{\min(D^i, S)}, d_{\max(D^i, S)}]$；

Step 4：监测系统，实时获取系统的状态向量，编码形成待检测集 UD，计算 UD 中每个元素 UD^i 与 D 中每个元素 D^i 的距离。如果 $d(D^i, UD^i)<d_{\min(D^i, S)}$ 或者 $d(D^i, UD^i)>d_{\max(D^i, S)}$，则提示系统发生异常。

图 7.7　矩阵式阴性选择算法

根据上述描述，算法仅需要对自我集中的元素进行比较运算，设自我集中元素个数为 $y-n+1$，生成的检测器数量为 N_f，待检测集元素个数为 N_{UD}，则算法的时间复杂度为 $O(N_f(y-n+1)+N_{UD}(y-n+1))=O((N_f+N_{UD})(y-n+1))$。由于 n 是确定的，所以算法的时间复杂度为 $O((N_f+N_{UD})y)$。

7.4　故障检测实例

7.4.1　算法分析实例

为了验证矩阵式阴性选择算法的性能，本章以标准样本 Iris 数据为例进行验证。如图 7.8 所示，Iris 数据是检验模式识别方法有效性的国际公认标准样本，其包含了 3 类植物(Setosa、Virginica 和 Versicolor)样本。每类植物包括 50 个样本，3 类植物共计 150 个样本，每个样本包含 4 个特征值，分别是萼片长度、萼片宽度、花瓣长度及花瓣宽度。

图 7.8　Iris 数据示意图

为了便于算法的分析和讨论，本章指定 $n=2$，也就是将连续的两个同类样本组合在一起作为一个样本进行分析。Setosa 组成的是第 1 类样本，Virginica 组成的是第 2 类样本，Versicolor 组成的是第 3 类样本。

用 r_S 表示自我集半径，p 表示覆盖率，α 表示显著性水平，N_D 表示生成的检测器数量，N_{max} 表示需要生成检测器数量的最大值。用 N_{TP} 和 N_{FN} 分别表示“非我样本被判定为非我”和“非我样本被判定为自我”发生的次数，则检测率 DR 表示为

$$DR=\frac{N_{TP}}{N_{TP}+N_{FN}} \tag{7-3}$$

同理，用 N_{FP} 和 N_{TN} 分别表示“自我样本被判定为非我”和“自我样本被判定为自我”发生的次数，则误报率 FA 表示为

$$FA=\frac{N_{FP}}{N_{FP}+N_{TN}} \tag{7-4}$$

1. 参数分析实验

指定第 1 类样本为正常，第 2 类样本和第 3 类样本作为异常，从第 1 类中取出 29 个作为自我集样本，其余的 20 个作为待检测的自我样本，而将第 2 类样本和第 3 类样本的共 98 个样本作为待检测的非我样本。

1）自我集半径对检测率和误报率的影响

令 $\alpha=0.05$，$N_{max}=200$，p 为 0.9 和 0.99，r_S 取 0.01～0.2 间隔 0.01 的 20 组数据，重复实验 50 次，取 DR 和 FA 的平均值，得到的实验结果如图 7.9 所示。

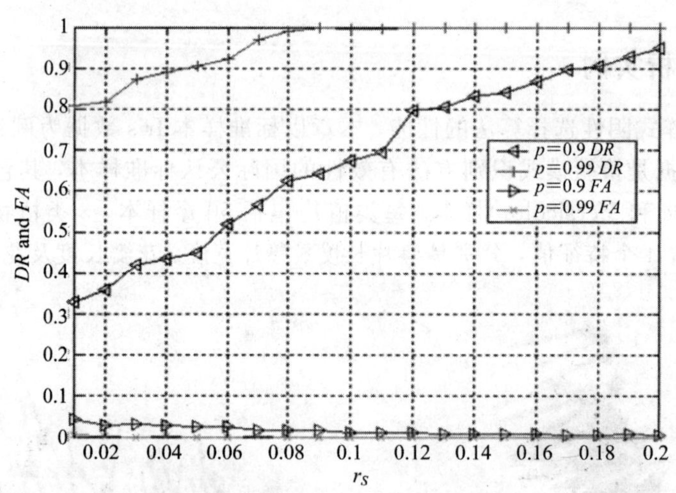

图 7.9　r_S 与 DR/FA 实验结果

图 7.9 表明，算法具有很低的误报率，并随自我集半径增加逐步逼近于 0，而检测率随自我集半径的增大近似呈线性递增。这表明算法生成的检测器对非我空间具有很高的覆盖，且覆盖率随自我集空间变大而逐渐增加。

现有的阴性选择算法中，检测率和误报率存在明显的联动，即获得较高检测率的同时会增加误报率，降低误报率的同时也会降低检测率。由于矩阵式阴性选择算法采用了先半径后范围的匹配规则，实验结果表明其获得较高检测率的同时也可以获得较低的误报率，两者不存在冲突，因此这是对阴性选择算法的一个显著的改进。

2）覆盖率对检测率和误报率的影响

令 $\alpha=0.05$，$N_{max}=200$，r_S 为 0.01 和 0.11，p 取 0.01～0.99 间隔 0.05 的 20 组数据，

重复实验 50 次，取 DR 和 FA 的平均值，得到的实验结果如图 7.10 所示。

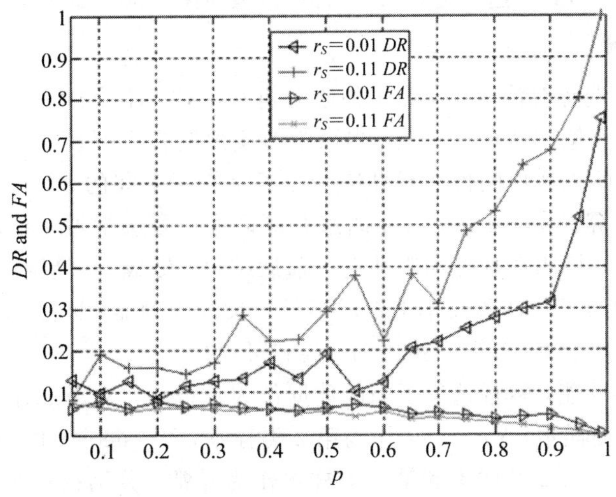

图 7.10　p 与 DR/FA 实验结果

实验结果表明，检测率随覆盖率增大而逐渐增加，当 $p<0.7$ 时，误报率呈现波动上升趋势，这是因为产生的检测器数量过少，而不同的检测器对非我样本数据的敏感性存在很大差别，导致检测率存在上下波动。而当覆盖率 $p>0.7$ 时，产生的检测器能较好地覆盖非我空间，使得检测率近似呈指数上升。误报率也随覆盖率增大而明显减少，逐渐逼近 0。这说明算法可以通过调整覆盖率，即增加检测器来达到更好的检测效果，同时也可将误报率降到更低。

3）验证检测器数量和自我集半径的关系

令 $\alpha=0.05$，$N_{\max}=200$，$p=0.9$，r_S 取 0.01～0.2 间隔 0.01 的 20 组数据，重复实验 50 次，取检测器的平均值，条形区域为检测器的方差，得到的实验结果如图 7.11 所示。

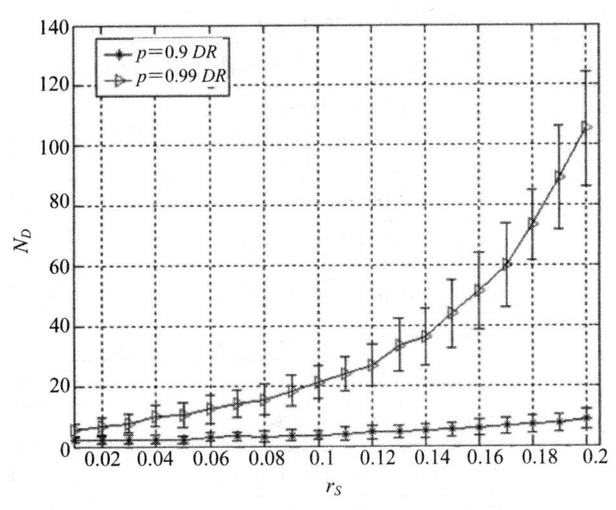

图 7.11　N_D 与 r_S 实验结果

图 7.11 的结果表明，在通常的覆盖率下，检测器数量和自我集半径近似呈线性关系；

而当需要较大的覆盖率时，生成的检测器数量和自我集半径近似呈指数关系。这是因为矩阵空间远比向量空间大，因此要达到更好的空间覆盖，必须极大限度地增加检测器的数量。

2. 算法对比实验

现有的实值阴性选择算法较多，为了便于分析和对比，本章选取了常用的 3 种阴性选择算法：连续位匹配实值阴性选择算法、多层学习实值阴性选择算法和 V-detector 实值阴性选择算法。连续位匹配实值阴性选择算法参照了字符串空间的 r 连续位匹配，将其引用到实值空间并通过计算局部 Euclidean 距离来判断匹配。多层学习实值阴性选择算法扩展了连续位匹配的思想，将阴性选择和阳性选择前后结合，形成了多层检测框架。V-detector 实值阴性选择算法则通过估计覆盖率来生成半径变长的检测器，以达到更好的非我空间覆盖。这 3 种算法都是基于 Euclidean 距离的，具有可比性。

为了对比算法的性能，本章选取了 Iris 数据作为数据集。对于上述的实值阴性选择算法，Setosa 作为第 1 类样本，Virginica 作为第 2 类样本，Versicolor 作为第 3 类样本，先将第 1 类样本作为正常，第 2 类样本和第 3 类样本作为异常，分别在自我集样本为样本总数的 100％和 50％的情况下，重复执行算法 50 次，计算检测率和误报率；然后分别以第 2 类样本和第 3 类样本作为正常，其他两类样本作为异常，重复上述实验过程。而对于本章给出的矩阵式阴性选择算法，将原有 Iris 数据样本中的每个样本重复两次，构成一个新的样本，取 $\alpha=0.05$，$N_{\max}=400$，$p=0.97$，$r_S=0.05$，重复上面的实验过程，得到的实验结果如表 7.1 所示。

表 7.1 算法对比实验结果

自我集	算　法	检测率	误报率
Setosa（100％）	多层学习实值阴性选择算法	95.16	0
	连续位匹配实值阴性选择算法	100	0
	V-detector 实值阴性选择算法	99.98	0
	矩阵式阴性选择算法	99.99	0
Setosa（50％）	多层学习实值阴性选择算法	94.02	8.42
	连续位匹配实值阴性选择算法	100	11.18
	V-detector 实值阴性选择算法	99.97	1.32
	矩阵式阴性选择算法	99.98	0.01
Versicolor（100％）	多层学习实值阴性选择算法	84.37	0
	连续位匹配实值阴性选择算法	95.67	0
	V-detector 实值阴性选择算法	85.95	0
	矩阵式阴性选择算法	96.8	0
Versicolor（50％）	多层学习实值阴性选择算法	84.46	19.6
	连续位匹配实值阴性选择算法	96	22.2
	V-detector 实值阴性选择算法	88.3	8.42
	矩阵式阴性选择算法	88.5	0.02

续表

自我集	算　　法	检测率	误报率
Virginica (100%)	多层学习实值阴性选择算法	75.75	0
	连续位匹配实值阴性选择算法	92.51	0
	V-detector 实值阴性选择算法	81.87	0
	V-detector 实值阴性选择算法	91.4	0
Virginica (50%)	多层学习实值阴性选择算法	88.96	24.98
	连续位匹配实值阴性选择算法	97.18	33.26
	V-detector 实值阴性选择算法	93.58	13.18
	矩阵式阴性选择算法	93.73	0.012

实验结果表明，在检测性能方面，矩阵式阴性选择算法的检测率比多层学习实值阴性选择算法和 V-detector 实值阴性选择算法都要高。尽管连续位匹配实值阴性选择算法在某些情况下的检测率高于矩阵式阴性选择算法，但是连续位匹配实值阴性选择算法却具有很大的误报率，误报率都在 10%以上。因此，与现有的实值阴性选择算法相比，矩阵式阴性选择算法获得了更高的检测率，并且具有非常低的误报率，性能明显优于其他 3 种算法。

同时，本章统计了上述实验过程中产生的检测器数量。连续位匹配实值阴性选择算法使用数量固定的 1000 个检测器，多层学习实值阴性选择算法使用 1000 个 T 检测器和 1000 个 B 检测器，V-detector 实值阴性选择算法和矩阵式阴性选择算法运行过程中产生的检测器数量如表 7.2 所示。结果表明，矩阵式阴性选择算法只需要产生更少数量的检测器就可以达到 V-detector 实值阴性选择算法的检测效果，并且矩阵式阴性选择算法检测器数量标准方差较小，说明产生的检测器质量较高，能较为均匀地覆盖非我空间。

表 7.2　检测器数量对比

自我集	算　　法	平均值	最大值	最小值	标准方差
Setosa (100%)	V-detector 实值阴性选择算法	20	42	5	7.87
	矩阵式阴性选择算法	8.5	13	5	2.01
Setosa (50%)	V-detector 实值阴性选择算法	16.44	33	5	5.63
	矩阵式阴性选择算法	7.3	10	5	1.76
Versicolor (100%)	V-detector 实值阴性选择算法	153.24	255	72	38.8
	矩阵式阴性选择算法	131.1	152	114	12.73
Versicolor (50%)	V-detector 实值阴性选择算法	110.08	184	60	22.61
	矩阵式阴性选择算法	116.3	128	90	13.11
Virginica (100%)	V-detector 实值阴性选择算法	218.36	443	78	66.11
	矩阵式阴性选择算法	130	143	106	11.25
Virginica (50%)	V-detector 实值阴性选择算法	108.12	203	46	30.74
	矩阵式阴性选择算法	98.4	113	84	11.12

7.4.2 故障检测实验

为了验证矩阵式阴性选择算法对软件密集型装备软硬件故障检测的有效性，以典型设备为例进行实验。搭建了图 7.12(a)所示的实验平台，提供了与实装完全相同的硬件环境。图 7.12(b)为实验的核心部件主板，其集成了处理器、总线控制器、键盘、状态灯等部件，实验的操作和数据获取都是在该主板上进行的。

(a) 设备实验平台

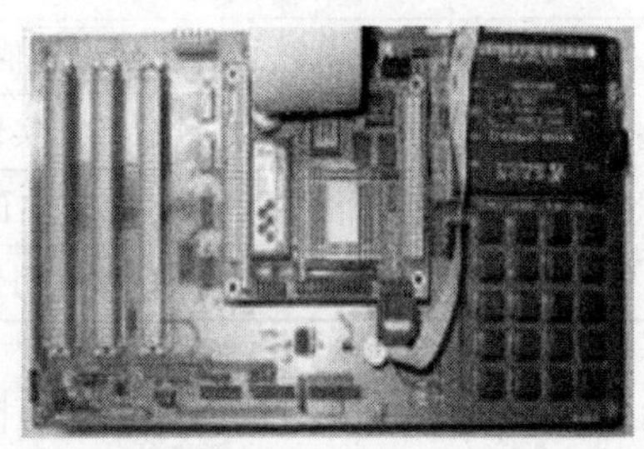

(b) 设备主板

图 7.12 软硬件故障检测实验平台

设备的呼叫过程由多个软件模块和硬件模块共同作用完成。呼叫过程所执行的软件主要包括主程序、键盘扫描程序、显示程序和数据发送程序。对于每个程序，将其划分为若干功能独立的子模块并进行编号，当程序执行到当前子模块时，用该子模块的编号表示程序的当前执行状态。呼叫过程涉及的硬件主要包括键盘、键盘接口、LCD、LCD 接口、数据发送接口、数据接收接口。用输出的值作为键盘的状态参数，用输入的值作为 LCD 的状态参数，对于键盘接口、LCD 接口、数据发送接口和数据接收接口，则用接口存储的数据作为其状态参数。

在正常情况下，收集设备执行呼叫过程各项功能时的运行数据，按照图 7.7 算法中的 Step1 进行编码，作为自我集 S，取 r_S 为 0.08，$\alpha=0.05$，$N_{\max}=500$，p 为 0.95，生成检测集 D。为获取设备发生软硬件故障时的运行数据，在实验平台上进行故障注入实验。为了使注入的故障形成软硬件故障，选取能在软件和硬件之间交叉传播的故障数据，使其既能影响硬件，又能影响软件，并最终导致系统失效。同时，在设备每次执行时注入不同的故障数据，并且每次注入时系统的运行状态都是随机的，以确保软硬件故障的不可预知性。由此得到的设备运行数据作为待检测的数据，按图 7.7 算法的 Step4 进行编码作为待检测集；最后用检测器对待检测集进行检测和识别，获得的结果如表 3.3 所示。

表 7.3 软硬件故障检测实验结果

故障类型	注入的故障	故障注入部位	故障现象	执行次数	成功检测次数	检测率
硬件引发的软硬件故障	错误的键盘数据	键盘接口	按键无显示/显示错误	25	23	92%
	错误的显示数据	LCD 接口	LCD 显示错误	25	24	96%
软件引发的软硬件故障	错误的执行逻辑	主程序	LCD 无显示	30	27	90%
	错误的执行逻辑	键盘扫描程序	按键无显示/显示错误	30	26	87%
	错误的执行逻辑	数据发送程序	显示呼叫失败	30	26	87%

上述实验结果表明，矩阵式阴性选择算法对软硬件故障具有较高的检测率。相对而言，对硬件引发的故障的检测率略高于软件引发的故障的检测率，这是因为软件划分的子模块数较多，形成的状态空间比硬件大，在参数确定的条件下，状态空间的增大会降低算法对故障的检测能力。

7.4.3 故障检测结论

通过上述实验，总结出矩阵式阴性选择算法有以下特点：

(1) 用矩阵表示自我/非我空间，将阴性选择算法从低维扩展到高维，使得样本内在的关系空间更容易表达，建立的行向量距离和矩阵距离为空间内样本的比较提供了正确有效的量度。

(2) 采用先半径后范围的匹配规则，改进了算法的检测机制，使得算法获得更高检测率和更低的误报率，避免了两者联动而导致的参数选择问题。

(3) 构造了基于覆盖检验的检测器生成算法，避免了通过计算超空间体积等方法求覆盖率的复杂性，通过变长半径控制检测器生成过程，提高检测器的质量，使得更少数量的检测器可以达到更大范围的自我/非我空间覆盖。

(4) 算法对软硬件故障具有较强的检测能力，适合从软件密集型装备的运行状态数据中检测软硬件相互作用引发的故障。

参考文献

[1] Renyi A. On Measure of Entropy and Information[C]. Proceedings of the Fourth Berkeley Symposium on Mathematical Statistics and Probability, 1960, 1: 541 - 561

[2] Petri C A. Kommunikation mit automaten[D]. Bonn: University of Bonn, 1962

[3] Kolmogorov A N. Three Approaches to the Quantitative Definition of Information [J]. Proceedings of Information Transmission, 1965, 1(1): 1 - 7

[4] Hassl D F. Advanced concepts in fault tree analysis. Boeing/UW System Safety Symposium[C]. Washington: Boeing Company, 1965

[5] Lowry E, MedLock C. Object code optimization [J]. Communications of the ACM (C. ACM), 1969, 12: 13

[6] Allen F E. Control flow analysis[J]. ACM SIGPLAN Notices, 1970, 5(7): 1 - 19

[7] De Luca A, Termini S. A Definition of Nonprobabilistic Entropy in the Setting of Fuzzy Sets Theory[J]. Inform. and Control, 1972, 20: 301 - 312

[8] Boyer Elspas B, Levitt K N. SELECT—A formal system for testing and debugging programs by symbolic execution. Proceedings of the International Conference on Reliable Software[C]. Los Angeles, California, U. S. A. , 1975: 234 - 245

[9] Lampel J Z. On the Complexity of Finite Sequences[J]. IEEE Transactions on Information Theory, 1976, 22(1): 42 - 47

[10] Clarke L A. A system to generate test data and symbolically execute programs[J]. IEEE Transactions on Software Engineering, 1976, 2(3): 215 - 222

[11] Hecht M S. Flow analysis of computer programs[M]. New York: Elsevier North-Holland Inc. , 1977

[12] Sugeno M. Fuzzy Measures and Fuzzy Integrals: A survey, Fuzzy Automata and Decision Process[R]. The Netherlands: North-Holland, 1977

[13] Howden and W E. Symbolic testing and the DISSECT symbolic evaluation system [J]. IEEE Transactions on Software Engineering, 1977, 3(4): 266 - 278

[14] Huang J C. Instrumenting programs for data flow analysis[D]. Univ. of Houston, 1977

[15] Barth J M. A practical interprocedural data flow analysis algorithm[J]. Communication of the ACM, 1978, 21(9): 724 - 736

[16] Huang J C. Program instrumentation and software testing[J]. Computer, 1978: 11 (4)

[17] Weiser M. Program slicing: formal, psychological and practical investigations of an automatic program abstraction method[D]. Michigan: University of Michigan,

1979
[18] Lengauer L, Tarjan R. A fast algorithm for finding dominators in a flowgraph[J]. ACM Trans, Programming Languages Systems(TOPLAS), 1979, 1: 121 - 141
[19] Huang J C. Detection os Data Flow Anomaly Through Program Instrumentaion[J]. IEEE Transactions on Software Enineering, 1979, 5(3): 226 - 236
[20] Aho A V, Ulman J D. Principles of Compiler Design Theory[M]. Boston: Addison-Wesley, 1980
[21] Dubois D, Prade H. On Several Representations of an Evidence Theory[J]. Fuzzy Information and Decision Processes, 1982: 309 - 322
[22] Fault tree and cause consequence analysis for control software validation[R]. RISO-M-2326, Riso National Laboratory, 1982
[23] Weiser M. Programmers use slices when debugging[J]. Communications of the ACM, 1982, 25(7): 446 - 452
[24] Higashi M, Klir G J. Measures of Uncertainty and Information Based on Possibility Distributions[J]. Intl. J. of General Systems, 1983, 9(1): 43 - 58
[25] McIntee J W. Soft tree: fault tree techniques as applied to software (soft tree)[R]. Technical Report, United States Air Force, 1983
[26] Leveson N G. , Harvey P R. Analyzing software safety[J]. IEEE Transactions on Software Engineering, 1983, SE-9(S): 569 - 579
[27] Weiser M. Program slicing[J]. IEEE Trans on Software Engineering, 1984. SE-10 (4), 352 - 357
[28] Ottenstein K J, Ottenstein L M. The program dependence graph in a software development environment[J]. ACM SIGPLAN Notices, 1984, 19(5): 177 - 184
[29] Wang S K M, Ziarko. On optional decision rules in decision tables[J]. Bulletin of Polish Academy of Sciences, 1985, 33 : 693 - 696
[30] D. Harel. A linear time algorithm for finding dominators in flow graphs and related problems[J]. In Annual ACM Symposium on theory of computing. 1985, 17: 185 - 194
[31] Leveson N G. Software safety: why, what and how[J]. ACM Computing Surveys, 1986, 18(2): 125 - 163
[32] Sumita U, Masuda Y. Analysis of software availability/reliability under the influence of hardware failures [J]. IEEE Transactions on Software Engineering, 1986, 12(1): 32 - 41
[33] Liu R, Huang Q, Lin C. Petri net application to functional fault diagnosis. Proceedings of the IEEE International Symposium on Circuits and Systems[C]. New York: IEEE, 1986, 1323 - 1327
[34] Reiter R. A theory of diagnosis from first principles[J]. Artificial Intelligence, 1987, 32 (1): 57 - 95
[35] Ferrante J, Ottenstein K J, Warren J D. The program dependence graph and its use

in optimization[J]. ACM Transactions on Programming Languages and Systems, 1987(3): 319 - 349

[36] Kasper F, Schuster H G. Easily Calculable Measure for the Complexity of Spatiotemporal Patterns[J]. Physics Review A, 1987, 36(20): 842 - 848

[37] The Institute of Electrical and Electronics Engineers. ANSI/IEEE Std 100 - 1988, IEEE Standard Dictionary of Electrical and Electronics Terms[S]

[38] Cha S S, Leveson N G, Shimeall T J. Safety verification in Murphy using fault tree analysis. Proceedings of the Tenth International Conference on Software Engineering[C]. Los Alamitos: IEEE Computer Society, 1988, 377 - 386

[39] Korel B, Laski J. Dynamic program slicing[J]. Information Processing Letters, 1988, 29(3): 155 - 163

[40] Franklin E, White Jr. A Model for Data Fusion. Proceedings of the first National Symposium on Sensor Fusion[C], 1988

[41] Lamata M T, Moral S. Measures of Entropy in the Theory of Evidence[J]. International Journal of General Systems, 1988, 14(4): 297 - 305

[42] Hoffman D, Brealey C. Module test case generation. Proceedings of the Third Workshop on Software Testing, Analysis and Verification[C], ACM Press, 1989, 97 - 102

[43] Kuper R I. Dependency-directed localization of software bugs[R]. Technical Report AITR - 1053, 1989

[44] Hassapis G D. Availability analysis of a certain class of distributed computer systems under the influence of hardware and software faults. Proceedings of Computers and Digital Techniques[C]. London: Institution of Electrical Engineers, 1989, 524 - 529

[45] Luo R C, M G. . Multisensor Integration and Fusion in Intelligent Systems[J]. IEEE Transactions on Systems, Man and Cybernetics, 1989, 901 - 931

[46] The International Electrotechnical Commission. ISO/IEC 50 (191) - 1990, International Electrotechnical Vocabulary (Chapter 191: Dependability and quality of service)[S]

[47] Horwitz S, Reps T, Binkley D W. Interprocedural slicing using dependence graphs [J]. ACM Transactions on Programming Languages and Systems, 1990, 12(1): 26 - 60

[48] Agrawal H, Horgan J R. Dynamic program slicing[J]. ACM SIGPLAN Notices, 1990, 11(6): 246 - 256

[49] Patterson F A, Iverson D L. An Integrated Approach to System Design, Reliability and Diagnosis[R]. Nasa TM - 102861, Ames Research Center, 1990

[50] Waltz E, Llinas J. Multisensor Data Fusion[R]. Boston: Artech House Inc, 1990

[51] Klir G J, Ramer A. Uncertainty in the Dempster-Shafer Theory: A Critical Reexamination[J]. Intl. J. of General Systems, 1990, 18(2): 155 - 166

[52] Smets P. The Combination of Evidence in the Transferable Belief Model[J]. IEEE Transaction on Pattern Analysis and Machine Intelligence, 1990, 447 - 458

[53] IEEE Standard 610. 12 - 1990. IEEE Standard Glossary of Software Engineering Terminology [S]. Institute of Electrical and Electronics Engineers, 1990.

[54] Beizer B. Software Testing Techniques[M]. Van Nostrand Reinhold, NewYork, 1990

[55] Bogdan Korel. Automated software test data generator[J]. IEEE Transon Software Eng, 1990, 16(8): 870 - 879

[56] Korel B. Automated Software Test Data Generation[J]. IEEE Trans. Software Eng. , 1990, 16(8): 870 - 87

[57] Pargas R P, Harrold M J, Peck R. Test-Data Generation Using Genetic Algorithms[J]. Software Testing, Verification & Reliability, 1990, 9(4): 264 - 282.

[58] Leveson N G, Cha S S, Shimeall T J. Safety verification of Ada programs using software fault trees[J], IEEE Software, 1991, 7: 48 - 59

[59] Oivierrioul, MartinVetterli. Wavelets and Signal Processing[J]. IEEE SP Magzine, 1991, 14 - 38

[60] Marcu T, Voicu M. Miscellaneous Pattern Classification Techniques for Process Fault Detection and Isolation. Proceedings of the First IFAC Symp. on Fault Dectection, Supervision and Safety for Technical Process[C], 1991, 175 - 180

[61] David B F. An Information Criterion for Optimal Neural Network Selection[J]. IEEE Transactions on Nerual Networks, 1991, 5: 490 - 497

[62] Pal N R, Pal S K. Entropy, a New Definition and its Applications[J]. IEEE Trans. SMC, 1991, 21: 1260 - 1270

[63] Catlett J. Megainduction. Machine Learning on Very Large Database[D]. University of Sydney, 1991

[64] Catlett J. On changing continuous attributes into ordered discrete attributes. Proceedings of the Fifth European Working Session on Learning[C], Berlin: Springer Verlag, 1991, 164 - 177

[65] DeMillo R A, Offutt A J. Constraint-based automatic test data generation[J]. IEEE Transactions on Software Engineering, 1991, 17(9): 900 - 910

[66] Pan H, Spafford E H. Heuristics for automatic localization of software faults[R]. Technical Report SERC-TR-116-P, Purdue University, 1992

[67] Foster T A. C2 Information Management: Data Fusion and Track ID's in a Multiple Sensor Environment[D]. Naval Postgraduate School, 1992

[68] Hall D L. Mathematical Techniques in Multisensor Data Fusion[R]. Boston: Artech House Inc. , 1992

[69] Kokar M M, Zavoleas K P. A Logical Framework of Sensor/Data Fusion[J]. Robotic Systems, 1992, 505 - 513

[70] Kerber R, Chimerge. Discretization of numeric attributes. Proceedings Ninth

National Conference on Artificial Intelligence[C]. Cambridge, AAAI Press, 1992, 123 - 128

[71] IEC 50(191). Dependability and quality of service [S], International Electotechnical Commission, 1992.

[72] Landi W, Ryder B G. Safe Approximate Algorithm for Interprocedural Pointer Aliasing[J]. ACM SIGPLAN Notices, 1992, 235 - 248

[73] 郑人杰. 计算机软件测试技术[M]. 北京：清华大学出版社，1992

[74] Fayyad U M, Kedi B I. Multi-interval Disvretization of Continuous Valued Attributes for Classification Learning[C]. IJCAI93, 1993, 1022 - 1027

[75] Gupta R, Micheli G D. Hardware-Software Cosynthesis for Digital Systerms[J]. IEEE Design&Test of Computers, 1993, 29 - 41

[76] Hunt J E, Price C J, Lee M H. Automating the FMEA process[J]. Intelligent Systems Engineering, 1993, 119 - 132

[77] Choi J, Burke M, Carini P. Efficient flow-sensitive inter-procedural computations of pointer-induced aliases and side effects. Proceedings of the 20th Annual ACM Symposium on Principles of Programming Languages[M], 1993, 233 - 245

[78] 陈意云，马万里. 编译原理和技术[M]. 北京：中国科学技术大学出版社，1993

[79] Console L, Friedrich G, Theseider Dupré D. Model-based diagnosis meets error diagnosis in logic programs. Proceedings of the 13th International Joint Conference on Artificial Intelligence[C]. San Mateo: Morgan Kaufmann Publishers, 1993, 1494 - 1499

[80] Ball T J. The use of control-flow and control dependence in software tools[D]. Madison: University of Wisconsin, 1993

[81] Agrawal H, DeMillo R, Spafford E. Debugging with dynamic slicing and backtracking[J]. Software Practice and Experience, 1993, 23(6): 589 - 616

[82] Ordonio R. R. An automated tool to facilitate code translation for software fault tree analysis[D]. Monterey, CA: Naval Postgraduate School, 1993

[83] Goswami K K, Iyer R K. Simulation of software behavior under hardware faults [A]. Proceedings of the Twenty-Third International Symposium on Fault-Tolerant Computing[C]. Toulouse: IEEE Press 1993, 218 - 227

[84] 周东华，孙优贤，席裕庚，等. 一类非线形系统参数偏差型故障的实时检测与诊断[J]. 自动化学报，1993，19(2)：184 - 189

[85] Dubisson B, Frelicor C. An Adaptive Predictive Diagnosis System Based on Fuzzy Pattern Recognition. Proceedings of the Twelfth IFAC World Congress[C]. 1993, 209 - 212

[86] Vejnarova J, Klir G J. Measure of Strife in Dempster-Shafer Theory[J]. International Journal of General Systems, 1993, 22 (1): 25 - 42

[87] Zavoleas K P, Kokar M M. Model-theoretic Framework for Sensor Data Fusion [J]. Sensor Fusion and Aerospace Applications, 1993, 121 - 132

[88] Isermann R. Fault Diagnosis of Machines via Parameter Estimation and Knowledge Processing-Tutorial Paper [J]. Automatica, 1993, 29(4): 815 - 835

[89] Patton R J, Chen J. Review of parity space approaches to fault diagnosis for aerospace system[J]. Journal of Guidance, Control and Dynamics, 1994, 17(2): 278 - 285

[90] Magin J F, Mouyon P. On the residual generation by observer and parity space approaches to fault detection[J]. IEEE Transaction on Automatic Control, 1994, 39(2): 441 - 447

[91] Bond G W, Pagurek B. A critical analysis of model-based diagnosis meets error diagnosis in logic programs[R]. Technical Report SCE - 94 - 15, 1994

[92] Bond G W. Logic programs for consistency-based diagnosis[D]. Ottawa: Carleton University, 1994

[93] William S Reid Jr. Software fault tree analysis of concurrent Ada processes[D]. Monterey, CA: Naval Postgraduate School, 1994

[94] Forrest S, Perelson A S, Allen L, Cherukuri R. Self-nonself discrimination in a computer. Proceedings of the IEEE Symposium on Research in Security and Privacy [C]. Los Alamitos, CA: IEEE Computer Society Press, 1994, 202 - 212

[95] Korel B, Yalamanchili S. Forward computation of dynamic program slices. Proceedings of the 1994 ACM SIGSOFT International Symposium on Software Testing and Analysis[C]. New York: ACM Press, 1994, 66 - 79

[96] 杨叔子，丁洪，史铁林. 基于知识的诊断推理[M]. 北京：清华大学出版社，1994

[97] Tzafestas S G, Dalianis P J. Fault Diagnosis in Complex Systems Using Artificial Neural Networks[J]. Proceedings of the IEEE Conference on Control Applications, 1994, 2: 877 - 882

[98] 杨靖宇. 战场数据融合技术[M]. 北京：兵器工业出版社，1994

[99] Gao Y, Durrant W. Mufti-sensor Fault Detection and Diagnosis Using Combined Qualitative and Quantitative Techniques. IEEE International Conference on Multi-sensor Fusion and Integration for Intelligent Systems[C], 1994, 43 - 50

[100] Dugan J B. Reliability Analysis of a Hardware and Software Fault Tolerant Parallel Processor. Proceedings of the Thirteenth Symposium on Reliable Distributed Systems[C], 1994, 74 - 83

[101] Magin J F, Mouyon P. On the Residual Generation by Observer and Parity Space Approaches to Fault Detection [J]. IEEE Transaction on Automatic Control, 1994, 17(2): 278 - 285

[102] Kalavade A, Lee E A. Global Criticality/Local Phase Driven Algorithm for the Constrained Hardware/Software Partitioning Problem. International Workshop on Hardware/Software Codesign[C], 1994, 42 - 48

[103] Andersen L O. Program analysis and specialization for the C programming language[D]. DIKU: University of Copenhagen, 1994

[104] Khedker U P, Dham dhere D M. A generalized theory of bit vector data flow analysis[J]. ACM TOPLAS, 1994, 16(5): 1477-1511

[105] Chen Y F, Rosenblum D S, TestTube K P Vo. A system for selective regression testing. Proceedings of the 16th International Conference on Software Engineering [C], 1994, 211-222

[106] Gregg Rothermel and Mary Jean Harrold. Selecting Tests and Identifying Test Coverage Requirements for Modified Software. ACM International Symposium on Software Testing and Analysis [C], Seattle, Washington, 1994: 169-184

[107] Srinivas M, Pantaik L M. Adaptive probabilities of crossover and mutation in genetic algorithms[J]. IEEE Trans. Syst. Man. and Cybernetics, 1994, 24(4): 656-667

[108] Pei M, Goodman E D, Gao Z, Zhong K. Automated Software Test Data Generation Using A Genetic Algorithm[R]. Technical Report GARAGe of Michigan State University, 1994

[109] 施渝萍. 软件开发环境[M]. 成都: 电子科技大学出版社, 1994

[110] Agrawal H, Horgan J, London S, Wong W. Fault localization using execution slices and dataflow tests. Proceedings of the Sixth IEEE International Symposium on Software Reliability Engineering[C]. Washington: IEEE Computer Society, 1995, 143-151

[111] Russell William Mason. Fault isolator tool for software fault tree analysis[D]. Monterey, CA: Naval Postgraduate School, 1995

[112] Gertler J, Monajemy R. Generating Directional Residuals with Dynamic Parrity Relations[J]. Automatica, 1995, 61(2): 395-421

[113] Kim C. Multiple Network Fusion Using Fuzzy Logic[J]. IEEE Transactions on Neural Networks, 1995, 497-501

[114] Cowden A. ESASCA: A M-source Acoust Fusion System[R]. US Navy Underwat Acoustics, 1995

[115] Chedsada C, Cario H. Optimal Adaptive K-Means Algorithm with Dynamic Adjustment of Learning Rate[J]. IEEE Transaction on Neural Networks, 1995, 6: 157-168

[116] NASA JPL. Formal Methods Specification and Verification Guidebook for Software and Computer Systems, Volume I: Planning and Technology Insertion[R], NASA GB-002-95, Pasadena, CA, USA, 1995

[117] Leveson N. Safeware, System Safety and Computers[C]. Addison Wesley, 1995, 38-43

[118] 刘桂山, 一个程序静态分析方法. 北京理工大学学报[J]. 1995, 5: 61-66

[119] Wilson R P, Lam M S. Efficient Context-sensitive Pointer Analysis for C Programs[C]. California: Proceedings of the ACM SIGPLAN'95 Conference on Programming Language Design and Implementation(PLDI), 1995, 18-21

[120] Watkins A. The Automatic Generation of Software Test Data using Genetic Algorithms. Proceedings of the Fourth Software Quality Conference[C], 1995, 2: 300 - 309

[121] 黄文虎，夏松波，刘瑞岩. 设备故障诊断原理技术及应用[M]. 北京：科学出版社，1996

[122] D' haeseleer P. An immunological approach to change detection: theoretical results. Proceedings of the Ninth IEEE Computer Security Foundation Workshop [C]. Washington: IEEE Computer Society, 1996, 132 - 143

[123] Iwaihara M, Nomura M, Ichinose S, Yasuura H. Program slicing on VHDL descriptions and its applications. Proceedings of the Third Asian Pacific Conference on Hardware Description Languages[C]. Washington: IEEE Press, 1996, 132 - 139

[124] Larsen L, Harrold M J. Slicing object-oriented software. Proceedings of the 18th International Conference on Software Engineering[C]. Washington: IEEE Computer Society, 1996, 495 - 505

[125] Kumamaru K, Hu J. Robust Fault Detection Using Index of Kullback Discrimination Information[C]. Proceedings of IFAC World Congress, 1996, 205 - 210

[126] 李渭华，萧德云，方崇智. 一种基于自适应滑动窗格形滤波算法的故障检测器[J]. 自动化学报，1996，22(2)：251 - 253

[127] Chen J, Patton R J, Zhang H Y. Design of Unknown Input Observers and Robust Fault Detection Filtexs[J]. Int. T. Control, 1996, 63(1): 85 - 105

[128] Wang H, Daley S. Actuator fault diagnosis: an Adaptive Observer-based Technique[J]. IEEE Transactions on Automatic Control, 1996, 41(7): 1073 - 1078

[129] Kinnaert M. Design of Redundancy Relations for Failure Detection and Isolation by Constrained Optimization[J]. Int. J. Control, 1996, 63(3): 609 - 622

[130] Maruyama N, Benouatrets M. Fuzzy Model-based Fault Detection and Diagnosis [C]. Proceedings of IFAC World Congress, 1996, 121 - 1126

[131] Frank P M, Kiupel N. Residual Evaluation for Fault Diagnosis Using Adaptive Thresholds and Fuzzy Inference[C]. Proceedings of IFAC World Congress, 1996, 115 - 120

[132] Didier Cayrac, Didier Dubois, Henri Prade. Handling Uncertainty with Possibility Theory and Fuzzy Set in a Satellite Fault Diagnosis Application[J]. IEEE Transactions on Fuzzy Systems, 1996, 4: 251 - 269

[133] Mahler R. Unified Data Fusion: Fuzzy Logic, Evidence, and Rules[C]. Proceedings of the SPIE Conference, 1996, 226 - 237

[134] Steensguard B. Points-to Analysis in Almost Linear Time[J]. ACM Symposium on Principles of Programming Languages, 1996, 32 - 41

[135] M Sagiv, T Reps, R Wihelm. Solving Shape-analysis Problems in Language with Destructive Updating [C]. Florida: Symposium on Principles of Programming

Languages, 1996: 110 - 118
[136] Jones B F, Sthamer H H, Eyres D E. Automatic structural testing using genetic algorithms. Software Engineering Research Journal, 1996, 9: 299 - 306
[137] Lutz R R, Robert M Woodhouse. Requirements analysis using forward and backward search[J]. Annals of Software Engineering, 1997, (3): 459 - 475
[138] Frank P M, Ding X. Survey of Robust Residual Generation and Evaluation Methods in Observert-based Fault Dection Systems[J]. J. Process Control, 1997, 7 (6): 403 - 424
[139] Hwang D S, Chang S K, Hsu P L. A Practical Design for a Robust Fault Detection and Isolation System[J]. Int. J. of System Science, 1997, 28(3): 265 - 275
[140] 陈世福，陈兆乾，等. 人工智能与知识工程[M]. 南京：南京大学出版社，1997
[141] 冯永新. 并发性诊断问题求解的图论方法[J]. 哈尔滨工业大学学报，1997，29 (1)：14 - 18
[142] 何国金，李克鲁. 星载合成孔径雷达遥感及多卫星数据融合方法[J]. 地质科技情报，1997，16：29 - 33
[143] 马健仓，罗磊. 小波-人工神经网络信息融合故障诊断方法[J]. 中国机械工程，1997，4：38 - 40
[144] Hall D L, Llinas J. An Introduction to Multisensor Data Fusion[C]. Proceedings of the IEEE, 1997, 85(1): 6 - 23
[145] NASA JPL. Formal Methods Specification and Verification Guidebook for Software and Computer Systems, Volume II: A Practitioner's Companion[R], NASA GB - 001 - 97, Pasadena, CA, USA, 1997
[146] Tuan D P, Hong Y. Fusion of Handwritten Numeral Classifiers Based on Fuzzy and Genetic Algorithms[C]. Proceedings of the North America Fuzzy Information Processing Society, 1997, 257 - 262
[147] Wang D Y, Wang X M, Keller J M. Determining Fuzzy Integral Densities Using a Genetic Algorithm for Pattern Recognition[C]. Proceedings of the North America Fuzzy Information Processing Society, 1997, 263 - 267
[148] 叶昊，王桂增，方崇智. 小波变换在故障诊断中的应用[J]. 自动化学报，No. 6，1997
[149] 吴今培，肖健华. 智能故障诊断与专家系统[M]. 北京：科学出版社，1997
[150] 孙即祥. 现代模式识别[M]. 长沙：国防科技大学出版社，1997
[151] 严蔚敏，吴伟民. 数据结构(C 语言版)[M]. 北京：清华大学出版社. 1997
[152] Aho A V, Ulman J D. Principles of Compiler Design Theory[M]. Boston: Addison-Wesley, 1980
[153] 刘磊，叶晓煜. 过程间的数据流分析技术[J]. 计算机研究与发展. 1997，4：303 - 306
[154] Steven S. Muchnick. Advanced Compiler Design and Implementation[M]. San Fransisco: Morgan Kaufmann Publishers, 1997

[155] 王雪梅，王义和．模拟退火算法与遗传算法的结合．计算机学报．1997，20(4)：381－384

[156] Gallagher M J，Narasimhan V L．A Test Data Generation Suite for Ada Software Systems．IEEE Trans．Software Eng，1997，23(8)：473－484

[157] 奚红宇，徐红，高仲仪．Ada 软件测试用例生成工具[J]．软件学报，1997，8(4)：297－302

[158] 荚伟，高仲仪．基于遗传算法的软件结构测试数据生成技术研究[J]．北京航空航天大学学报，1997，23 (1)：36－40

[159] 龚天富，侯文水．程序设计语言与编译[M]．电子工业出版社，1997：1－242

[160] Mihiar A，Isermann R．Neuro-fuzzy Systems for Diagnosis[J]．Fuzzy Sets and Systems，l997，89(3)：289－307

[161] Harrold M．J，Rothermel G，Wu R，Yi L．An empirical investigation of program spectra[J]．ACM SIGPLAN Notices，1998，33(7)：83－90

[162] Abulnaja O A，Hosseini S H，Vairavan K．High performance technique for ultra-reliable execution of tasks under both hardware and software faults．Proceedings of the Fifth Asia Pacific Software Engineering Conference[C]．Washington：IEEE Computer Society，1998，154－163

[163] 袁崇义．Petri 网原理[M]．北京：电子工业出版社，1998

[164] 吕柏权．一种基于小波网络的故障检测方法[J]．控制理论与应用，1998，15(5)：802－805

[165] 萧德云，李渭华．双通道自适应 Lattice 滤波器及其在故障检测中的应用[J]．控制与决策，1998，13(3)：277－280

[166] Pekarsky G．Multisensor Technology for Buried Land Mines Detection[C]．IEE Conference Publication，1998，10：147－151

[167] Kinoshita Genichiro．Sensor Fusion with Aspect Information of Visual and Tactual Sensing[C]．IEEE International Conference on Intelligent Robots and Systems，1998，1046－1052

[168] 刘同明，夏祖勋，解洪成．数据融合技术及其应用[M]．北京：国防工业出版社，1998

[169] Essawy M A．Wavelet Versus Fourier Preprocessing for Neuro-fuzzy Systems for Fault Diagnosis in Helicopter Gearboxes[J]．Intelligent Engineering Systems Through Artificial Neural Networks，1998，11：767－772

[170] Combastel C，Gentil S．Symbolic Reasoning Approach to Fault Detection and Isolation Applied to Electrical Machines[C]．IEEE Conference on Control Applications 1998，475－479

[171] Stroph R，Clarke T．Hardware and Software Fault Simulation[C]．International Conference on Simulation，1998，413－419

[172] Yager R R．On the Dempster-Shafer Framework and New Combination Rules[J]．Information Science，1998，4：93－138

[173] Giarratano J, Riley G. Expert Systems Principles Programming[M]. 1998

[174] 赵宗贵，数据融合方法概论[M]. 电子工业部第二十八所，1998

[175] 曾黄麟. 粗集理论及其应用[M]. 2 版. 重庆：重庆大学出版社. 1998

[176] D. C. Atkinson and W. G. Griwold. Effective Whole Program Analysis In The Presnece of Pointers[C]. In Proceedings of the 6th ACM International Symposium on the Foundations of Software Engineering, Lake Bunena Vista, 1998: 46 - 55

[177] GJB 439 - 88，军用软件质量保证规范[S]. 1998

[178] Jones B F, Sthamer H H. A strategy for using genetic algorithms to automate branch and fault-based testing. The Computer Journal, 1998, 41(2): 98 - 107

[179] Graves Todd L, Harrold M J, Jung-Min Kim. An empirical study of regression test selection techniques. IEEE 1998, 186 - 188

[180] Mateis C, Stumptner M, Wotawa F. Debugging of Java programs using a model-based approach. Proceedings of the Tenth International Workshop on Principles of Diagnosis[C]. Low Awe: AAAI Press, 1999, 193 - 203

[181] Gyimothy T, Beszedes A, Forgacs I. An efficient relevant slicing method for debugging. Proceedings of the Seventh European Software Engineering Conference and Seventh ACM SIGSOFT International Symposium on Foundations of Software Engineering[C]. New York: ACM, 1999, 303 - 321

[182] Francel M A, Rugaber S. The relationship of slicing and debugging to program understanding. Proceedings of the Seventh International Workshop on Program Comprehension[C]. Washington: IEEE Computer Society, 1999, 106 - 113

[183] Lutz R R. Woodhouse R M. Bi - directional analysis for certification of safety-critical software. Proceedings of the First International Software Assurance Certification Conference[C]. Washington: IEEE Press, 1999, available from http://www. cs. iastate. edu/ ~rlutz/publications/isacc99. ps

[184] 陆宝春，夏敬华，张世琪. 基于 Petri 网的设备故障诊断研究[J]. 南京理工大学学报. 1999, 23(6): 46 - 50

[185] Dasgupta D, Forrest S. Artificial immune systems in industrial applications. Proceedings of the Second International Conference on Intelligent Processing and Manufacturing of Materials[C]. New York: IEEE Press, 1999, 257 - 267

[186] Clarke E M, Fujita M, Rajan S P, Reps T, Shankar S, Teitelbaum T. Program slicing for VHDL. Proceedings of the Tenth IFIP WG10. 5 Advanced Research Working Conference on Correct Hardware Design and Verification Methods [C]. Berlin: Springer-Verlag, 1999, 298 - 312

[187] Clarke E M, Fujita M, Rajan S P, Reps T, Shankar S, Teitelbaum T. Program slicing of hardware description languages[R]. Technical Report CMU - CS - 99 - 103, Carnegie Mellon University, 1999

[188] Ding S X, Jeinsch T. Application of Observer Based FDI Schemes to the Three Tank System[C]. Proceedings of European Control Conference, 1999

[189] Nelson Bruce N, Gader Paul D. Fuzzv Set Information Fusion in Landmine Detection[C]. Proceedings of SPIE International Society for Optical Engineering, 1999, 1168 - 1178

[190] Aziz Ashraf M, Tummala Murali. Fuzzy Logic Data Correlation Approach in Multisensor-multitarget Tracking Systems[J]. Signal Processing, 1999, 2: 195 - 209

[191] Belchansky Gennady I, Mordvintsev Ilia N. Comparative Analysis of Multisensor Satellite Monitoring of Arctic Sea-ice[C]. International Geoscience and Remote Sensing Symposium, 1999, 1025 - 1027

[192] 何国金，李克鲁，胡德永. 多卫星遥感数据的信息融合：理论、方法与实践[J]. 中国图像图形学报，1999，9：744 - 749

[193] Fang T H. Detection and Diagnosis of Sensor and Actuator Failures Using Perception Net[C]. Proceedings of the SICE Annual Conference, 1999, 893 - 896

[194] 何永勇，钟秉林，黄仁. 故障多征兆域一致性诊断策略的研究[J]. 振动工程学报，1999，4：447 - 453

[195] Stanton M J. A Fault Monitoring Architecture for the Diagnosis of Hardware and Software Faults in Manufacturing Systems[C]. Proceedings of the Seventh IEEE International Conference on Emerging Technologies and Factory Automation, 1999, 693 - 701

[196] Steinberg A N, Bowman C L, White F E. Revisions to the JDL Data Fusion Model[C]. Sensor Fusion: Architectures, Algorithms, and Applications. Proceedings of the SPIE, 1999

[197] Smith R M, Klir G J. On Measuring Uncertainty in Evidence Theory[C]. IEEE Proceedings of the North American Fuzzy Information Society, 1999

[198] Klir G J, Richard M S. Recent Developments in Generalized Information Theory [J]. International Journal of Fuzzy Systems, 1999, 1: 1 - 13

[199] Kosko B，黄崇福. 模糊工程[M]. 西安：西安交通大学出版社，1999

[200] Klir G J. On Fuzzy-set Interpretation of Possibility Theory[J]. Fuzzy Sets, 1999, 108(3): 73 - 81

[201] Krolikowski R, CzyzewskiA. Noise Reduction in Telecommunication Channels Using Rough Sets and Neural Networks[C]. The 7th International Workshop on New Directions in Rough Sets, Data Mining, and Granular-soft Computing, 1999: 100 - 108

[202] Robyn R. Lutz, Robert M. Woodhousey. Bi_directional Analysis for Certification of Safety-Critical Software[C]. Jet Propulsion Laboratory California Institute of Technology Pasadena, CA 91109 - 8099, 1999

[203] Hind M, Burke M, Carini P, etal. Interprocedural pointer alias analysis[J]. ACM Transactions on Programming Languages and Systems, 1999, 21(4): 848 - 894

[204] Atanas Rountev, Barbara G. Ryder, William Landi. Data-flow Analysis of Pro-

gram Fragments. 7th ACM SIGSOFT international symposium on Foundations of software engineering, France, 1999: 235 - 252

[205] Jon Edvardsson. A Survey on Automatic Test Data Generation. Proceedings of the Second Conference on Computer Science and Engineering in Linkoping, 1999: 21 - 28

[206] Roy P. Pargas, M. J. Harrold and Robert R. Peck. Test-Data Generation Using Genetic Algorithms. Software Testing, Verification and Reliability. 1999, 9: 263 - 282

[207] The Institute of Electrical and Electronics Engineers. IEEE Std 1471 - 2000, IEEE Recommended Practice for Architectural Description of Software-Intensive Systems[S]

[208] Ammar H, Cukic B, Fuhrman C, Mili A. A comparative analysis of hardware and software fault tolerance: Impact on software reliability engineering[J]. Annals of Software Engineering, 2000, 10: 103 - 150

[209] 胡昌华，许华龙. 控制系统故障诊断与容错控制的分析和设计[M]. 北京：国防工业出版社，2000，7

[210] 周东华，叶银忠. 现代故障诊断与容错控制[M]. 北京：清华大学出版社，2000，12

[211] 张萍，周东华. 动态系统的故障诊断方法[J]. 控制理论与应用，2000，17(2)：153 - 158

[212] Harrold M J, Rothermel G, Sayre K, Wu R, Yi L. An empirical investigation of the relationship between spectra differences and regression faults. Software Testing, Verification and Reliability[J], 2000, 10(3): 171 - 194

[213] Wierzchon S T. Generating optimal repertoire of antibody strings in an artificial immune system. Proceedings of the IIS'2000 Symposium on Intelligent Information Systems[C]. Heidelberg: Physica Verlag, 2000, 119 - 133

[214] 周东华. 容错控制理论及其应用[J]. 自动化学报，2000，26(6)：45 - 48

[215] 张萍，周东华. 复杂动态系统故障诊断[J]. 控制理论与应用，2000，17(2)：153 - 158

[216] Perrin Stephane, Bibaut Alain. Use of Wavelets for Ground-penetrating Radar Signal Analysis and Multisensor Fusion in the Frame of Landmines Detection[C]. Proceedings of the IEEE International Conference on Systems, Man and Cybernetics, 2000, 10: 2940 - 2945

[217] Blasch Erik, Watamaniuk Scott, Svenmark Peter. Cognitive-based Fusion Using Information Sets for Moving Target Recognition[J]. The International Society for Optical Engineering, 2000, 4: 208 - 217

[218] Chen Bing, Tugnait Jitendra K. Multisensor Tracking of A Maneuvering Target in Clutter Using IMMPDA Fixed-lag Smoothing [J]. IEEE Transactions on Aerospace and Electronic Systems, 2000, 7: 983 - 991

[219] Hardin Perry J, Jackson Mark W. Multisensor Multidata Approach to Moderate Resolution Mapping of Global Vegetation: Results from North Africa[C]. International Geoscience and Remote Sensing Symposium, 2000, 1924－1926

[220] 王江萍. 基于多传感器融合信息的故障诊断[J]. 机械科学与技术，2000，11：950－953

[221] Filippetti F. Recent Developments of Induction Motor Drives Fault Diagnosis Using AI Techniques[J]. IEEE Transactions on Industrial Electronics, 2000, 47(5): 994－1004

[222] Yager R R. On the Entropy of Fuzzy Measures [J]. IEEE Transactions on Fuzzy Systems, 2000, 8(4): 453－461

[223] Chen Y M, Huang H C. Fuzzy Logic Approach to Multisensor Data Association [J]. Mathematics and Computers in Simulation, 2000, 52(4): 399－412

[224] 韩静，陶云刚. 基于 D－S 证据理论和模糊数学的多传感器数据融合算法[J]. 仪器仪表学报，2000，21(6)：644－647

[225] Wang H F, Wang J P. Fault Diagnosis Theory: Method and Application based on Mufti-sensor Data Fusion[J]. Journal of Testing and Evaluation, 2000, 28: 513－518

[226] 程明华，姚一平. 动态故障树分析方法在软、硬件容错计算机系统中的应用[J]. 航空学报，2000，21(1)：34－37

[227] Israel Ruiz, Enrique Paniagua, Joaquin Alberto, Juli Sanabria. State Analysis: an Alternative Approach to FMEA, FTA and Markov Analysis[C]. Proc. Of Annual Reliability and Maintainability Symposium, 2000: 370－375

[228] Kokichi Futatsgui, Nakagawa A T, Tamai T. CAFE: an Industrial-Strength Algebraic Formal Method[C]. Elsevier Science, Amsterdam, 2000

[229] Bush W, Pincus J, Sielaff D. A static analyzer for finding dynamic programming errors[J]. Software-Practice and Experience, 2000, 30(7): 755－802

[230] 刘海燕，宫云战，杨朝红. 数据流分析[J]. 装甲兵工程学院学报，2000，3：5－9

[231] Bueno P M S, Jino M. Identification of Potentially Infeasible Program Paths by Monitoring the Search for Test Data. Proceedings of the 15th IEEE International Conference on Automated Software Engineering (ASE'00), 2000, 9: 209－218,

[232] Kenneth C. Louden. 编译原理及实践. 北京：机械工业出版社，2000，1－427

[233] Wieland D. Model-based debugging of Java programs using dependencies[D]. Wien: Technische University Wien, 2001

[234] 刘树林，张嘉钟，王日新，时文刚. 基于免疫系统的旋转机械在线故障诊断[J]. 大庆石油学院学报，2001，25(4)：69－71

[235] 侯伯亨，顾新. VHDL 硬件描述语言与数字逻辑电路设计[M]. 西安：西安电子科技大学出版社，2001

[236] Beszedes A, Gergely T, Szabo Z M, Csirik J, Gyimothy T. Dynamic slicing method for maintenance of large C programs. Proceedings of the Fifth European

Conference on Software Maintenance and Reengineering[C]. Washington: IEEE Computer Society, 2001, 105－113

[237] Negri R M, Reich S. Identification of Pollutant Gases and its Concentrations with A Multisensor Array[J]. Sensors and Actuators, 2001, 5: 172－178

[238] Klir G J, Smith R M. On Measuring Uncertainty and Uncertainty-based Information: Recent developments[J]. Annals of Mathematics and Artificial Intelligence, 2001, 32(1): 5－33

[239] 朱雪龙. 应用信息论基础[M]. 北京：清华大学出版社，2001

[240] Kokar M M, Korona Z. A Formal Approach to the Design of Feature-based Multisensor Recognition Systems[J]. Information Fusion, 2001, 2(2): 77－89

[241] Kasper F, Schuster H G. Easily Calculable Measure for the Complexity of Spatiotemporal Patterns[J]. Physics Review A, 1987, 36(20): 842－848

[242] Etienne E. kerre，黄崇福，阮达. 模糊集理论与近似推理[M]. 武汉：武汉大学出版社

[243] 邓远北，周润兰. 应用概率统计[M]. 北京：科学出版社，2001

[244] 张兴芳，管恩瑞，孟广武. 区间值模糊综合评判及其应用[J]. 系统工程理论方法应用，2001，1(12)：81－85

[245] 王道平，张义忠. 故障智能诊断系统的理论与方法[M]. 北京：冶金工业出版社，2001

[246] S. A. da Silva Vicente. Rolling bearing fault diagnostic system using fuzzy logic [C]. The10th IEEE International Conference on Fuzzy Systems, Dec 2－5, 2001, 3: 816－819

[247] 张文修，等. 粗糙集理论与方法[M]. 北京：科学出版社，2001

[248] 范明，孟小峰. 数据挖掘概念与技术[M]. 机械工业出版社，2001

[249] 程日失，莫智文. 模糊粗糙集及粗糙模糊集的模糊度[J]. 模糊系统与数学. 2001，15(3)15－18

[250] 郝丽娜，徐心和. 粗糙集神经网络系统在故障诊断中的应用[J]. 控制理论与应用，2001，18(5)：681－685

[251] 王国胤. Rough 集理论与知识获取[M]. 西安：西安交通大学出版社，2001

[252] Verbitsky David E. FTA Technique Addressing Fault Criticality and Interactions in Complex Consumer Communications [C]. Proc. Of Annual Reliability and Maintainability Symposium, 2001, 23－31

[253] Henkel, Ernst. An Approach to Automated Hardware/SofW are Partitioning Using a Flexible Granularity that is Driven by High-level Estimation Techniques [J]. Very Large Scale Intergration Systems, 2001, 9(5): 273－289

[254] Michael Christoph C, Gary McGraw, Michael A. Schatz. Generating software test data by evolution. IEEE Transactions on Software Engineering. 2001, 27(12): 1085－1110

[255] Lin J, Yeh P. Automatic test data generation for path testing using GAs. Infor-

mation Sciences, 2001, 131(1-4): 47-64

[256] Wegener J, Baresel A, Sthamer H. Evolutionary test environment for automatic structural testing. Information & Software Technology, 2001, 43(14): 841-854

[257] Wegner J, Baresel A, Sthammer H. Evolutionary test environment for automatic structureal testing. Information and Software Technology, 2001, 43(14): 841-854

[258] 赵翔，李著信，萧德云. 故障诊断技术的研究现状与发展趋势[J]. 机床与液压，2002，(4)：3-6

[259] Wotawa F. On the relationship between model-based debugging and program slicing[J]. Artificial Intelligence, 2002, 135(1): 125-143

[260] 朱大奇，于盛林. 基于知识的故障诊断方法综述[J]. 安徽工业大学学报，2002，19(3)：197-204

[261] Sung Ahyoung, Choi Byoungju. An interaction testing technique between hardware and software in embedded systems. Proceedings of the Ninth Asia-Pacific Software Engineering Conference[C]. Washington: IEEE Computer Society, 2002, 457-464

[262] 谷吉海，姜兴渭，刘树林，宋立辉. 免疫系统的反面选择算法在故障诊断中的应用[J]. 中国空间科学技术，2002，22(2)：24-29

[263] Gonzalez F, Dasgupta D, and Kozma R. Combining negative selection and classification techniques for anomaly detection. Proceedings of the 2002 Congress on Evolutionary Computation[C]. Honolulu: IEEE Press, 2002, 705-710

[264] Castro de L N, Timmis J I. Artificial immune systems: a new computational intelligence approach[M]. London: Springer Verlag, 2002

[265] Luo R C, Su K L. Multisensor Fusion and Integration: Approaches, Applications, and Future Research Directions[J]. Sensors Journal, 2002, 2(2): 107-119

[266] Yager R R. Uncertainty Representation Using Fuzzy Measures[J]. IEEE Transactions on Systems, Man and Cybernetics, 2002, 32: 13-20

[267] Chen W J, Dou L H, Chen J. A Target Recognition Method Based on Feature Level Data Fusion[C]. Proceedings of the Fourth World Congress on Intelligent Control and Automation, 2002, 2094-2098

[268] Akharraz A, Mauris G. A Project Decision Support System Based on an Elucidative Fusion System[C]. Proceedings of the Fifth International Conference on Information Fusion, 2002, 593-599

[269] 朱大齐，于盛林. 基于D-S证据理论的数据融合算法及其在电路故障诊断中的应用[J]. 电子学报，2002，30(2)：221-223

[270] Dezert J. Foundations for a New Theory of Plausible and Paradoxical Reasoning[J]. Journal of Information and Security, 2002, 9: 69-75

[271] 张健，廖瑛，庄景钊. 基于故障树分析法的某型直升机故障诊断专家系统设计分析[J]. 航空计算技术，2002，32(3)：76-78

[272] 张启忠，蒋静坪. 用于机器人信息的 RS 智能系统[J]，自动化学报，2002，28(5)：797 - 801

[273] 何立民. I2C 总线应用系统设计[M]. 北京航空航天大学出版社. 2002

[274] Nguyen T B, Delaunay M, Robach C. Testability analysis For Software Components. Poceeding of International Conference on Software Maintenance, Montreal, 2002, 422 - 431

[275] Wegener J, Baresel A. Sthamer H. Suitability of Evolutionary Algorithms for Evolutionary Testing. Proceedings of the 26th Annual International Computer Software and Applications Conference, Oxford, England, 2002, 26 - 29

[276] 单锦辉. 面向路径的测试数据自动生成方法研究. 国防科技大学博士学位论文，2002

[277] 蒋昌俊. Petri 网的行为理论及其应用[M]. 北京：高等教育出版社，2003

[278] 赵志刚，吕慧显，钱积新. 新型 Petri 网故障诊断算法研究[J]. 计算机工程与应用，2003，39(1)：86 - 87

[279] González F, Dasgupta D, Gómez J. The effect of binary matching rules in negative selection. Proceedings of the Genetic and Evolutionary Computation Conference [C]. Berlin: Springer, 2003, 195 - 206

[280] Gonzalez F, Dasgupta D, Nino L F. A randomized real-valued negative selection algorithm. Proceedings of Second International Conference on Artificial Immune Systems[C]. Berlin: Springer, 2003, 261 - 272

[281] Dasgupta D, Senhua Yu, Niverdita Sumi Majumdar. MILA-multilevel immune learning algorithm. Proceedings of the 2003 Genetic and Evolutionary Computation Conference[C]. Berlin: Springer, 2003, 183 - 194

[282] Ji Z. Multilevel negative/positive selection in real-valued negative selection[R]. The University of Memphis, 2003

[283] 陈振强. 基于依赖性分析的程序切片技术研究[D]. 南京：东南大学，2003

[284] Edward J. Weiler. The Space Science Enterprise Strategic Plan[EB/OL]. http://lasp. gsfc. nasa. gov/re ports/nasa_strategic_plan2003. pdf

[285] 潘泉，于昕，程咏梅. 信息融合理论的基本方法与进展[J]. 自动化学报，2003，29(4)：599 - 615

[286] Han Y, Song Y H. Condition Monitoring Techniques for Electrical Equipment-A Literature Survey[J]. IEEE Transactions on Power Delivery, 2003, 18(1): 4 - 13

[287] 徐宗本，张讲社，郑亚林. 计算智能中的仿生学：理论与算法[M]. 北京：科学出版社，2003

[288] Karmeshu. Entropy Measure, Maximum Entropy Principle and Emerging Applications[J]. Springer, 2003

[289] Radoi E, Hoeltzener B. Improving the Radar Target Classification Results by Decision Fusion[C]. Proceedings of the International Conference on Radar, 2003, 163 - 165

[290] 曹谢东. 模糊信息处理及应用[M]. 北京：科学出版社，2003

[291] 蒋浩天，段建民. 工业系统的故障诊断与检测[M]. 北京：机械工业出版社，2003

[292] Roy, Pal S K. Fuzzy discretization of feature space for a rough set classifier[J]. Pattern Recognition Letters. 2003，24(6)：895902

[293] 谭天乐. 基于粗糙集的过程建模、控制与故障诊断[D]. 浙江大学博士学位论文，2003.

[294] Arato P, Junhasz S, Mann Z A. Hardware/Sofware in Embedded System Design [C]. Intelligent Signal Processing, 2003，197 - 202

[295] 赵廷弟. 基于 FTA 和 FMEA 的智能故障诊断技术研究[D]. 北京航空航天大学博士学位论文，2003

[296] 胡庆培. 基于构件软件的可靠性分析技术 FTA 和 FAEA 的研究[D]. 北京航空航天大学硕士学位论文，2003

[297] Wolf W. A Decade of Hardware/Software Codesign[J]. IEEE Computer, 2003, 36(4)：38 - 43

[298] 张远. 基于信息融合技术的故障诊断模型和方法研究[D]. 中南大学硕士学位论文，2003

[299] 祝庚. 铁路信号计算机联锁系统的故障模型建立及故障诊断方法的研究[D]. 合肥工业大学硕士学位论文，2003

[300] 李慧贤. 面向对象程序程序切片中的控制流分析[D]. 西安电子科技大学硕士学位论文. 2003

[301] 李慧贤，刘坚. 数据流分析方法[J]. 计算机工程与应用，2003. 13：142 - 144

[302] 张培仁. MCS - 51 单片机原理与应用[M]. 北京：清华大学出版社，2003

[303] 陆仲达. 面向对象程序切片中的数据流分析[D]. 西安电子科技大学硕士学位论文. 2003

[304] Berndt D, Fisher J, Johnson L. Breeding software test cases with genetic algorithms. Proceedings of the 36th Hawaii International Conference on System Sciences(HICSS'03), 2003, 338 - 347

[305] Williamson C L. A formal application of safety and risk assessment in software systems[D]. Monterey：Naval Postgraduate School, 2004

[306] 魏霞，徐敏强，鹿卫国. 故障诊断技术及应用综述[J]. 热力透平，2004，33(4)：238 - 242

[307] Dehlinger J, Lutz R R. Software fault tree analysis for product lines. Proceedings of the Eighth IEEE Symposium on High Assurance Systems Engineering [C]. Washington：IEEE Press, 2004, 12 - 21

[308] Sung Ahyoung, Choi Byoungju. Interaction testing in an embedded system using hardware fault injection and program mutation. Proceedings of the Third International Workshop on Formal Approaches to Testing of Software [C]. Berlin：Springer, 2004, 192 - 204

[309] Amaral J L M, Amaral J F M, Tanscheit R, Pacheco M. An immune inspired

fault diagnosis system for analog circuits using wavelet signatures. Proceedings of the Sixth NASA/DoD Workshop on Evolvable Hardware[C]. Los Alamitos: IEEE Computer Society, 2004, 138-141

[310] Dasgupta D, Krishnakumar K, Wong D, Berry M. Immunity-based aircraft fault detection system. Proceedings of AIAA First Intelligent Systems Technical Conference[C]. Chicago: AIAA Press, 2004, 1-14

[311] Esponda F, Forrest S and Helman P. A formal framework for positive and negative detection scheme[J]. IEEE Transactions on Systems, Man and Cybernetics, Cybernetics, 2004, 34(1): 357-373

[312] 杨江云，李蓓智，杨建国，等. 人工免疫机理在故障诊断中的应用[J]. 东华大学学报(自然科学版)，2004，30(4)：41-44

[313] Zhou Ji, Dasgupta D. Augmented negative selection algorithm with variable-coverage detectors. Proceedings of the 2004 Congress on Evolutionary Computation[C]. Washington: IEEE press, 2004, 1081-1088

[314] 姜雪松，刘东升. 硬件描述语言 VHDL 教程[M]. 西安：西安交通大学出版社，2004

[315] Fabrizio Russo. Giovanni Ramponi. Fuzzy Methods for Multisensor Data Fusion [J]. IEEE Transactions on Instrumentation and Measurement, 2004, 43(2): 288-294

[316] Llinas J, Bowman C L, Rogova G, Steinberg A, Waltz E, White F E. Revisiting the JDL Data Fusion Model II[C]. Proceedings of the Seventh International Conference on Information Fusion, 2004, 1218-1230

[317] 陈理渊，黄进. 不确定度问题研究情况综述[J]. 电路与系统学报，2004，9(3)：105-111

[318] Kokar M M, Tomasik J A, Weyman J. Formalizing Classes of Information Fusion Systems[J]. Information Fusion, 2004, 5(3): 189-202

[319] Yulmetyev R M, Emelyanova N A, Gafarov F M. Dynamical Shannon Entropy and Information Tsallis Entropy in Complex Systems[J]. Physica A, 2004, 341(10): 649-676

[320] 丁世飞. 基于信息理论的数字模式识别及应用研究[D]. 山东科技大学博士学位论文，2004

[321] 谢平，林洪彬，刘彬. 一种用于故障诊断的多信息熵监测方法研究[J]. 仪器仪表学报，2004，25(4)：541-543

[322] 张继国，刘仁新. 降水时空分布的信息熵研究[D]. 河海大学博士学位论文，2004

[323] 何平，杨保华，王本利. 模糊数据融合技术在系统故障诊断中的应用[J]. 电机与控制学报，2004，8(1)：51-55

[324] 盛兆顺，尹琦岭. 设备状态监测与故障诊断技术[M]. 北京：化学工业出版社，2004

[325] 杨善林，倪志伟. 机器学习与智能决策支持系统[M]. 北京：科学出版社，2004

[326] 王家成. 粗糙集理论及其在生物发酵过程控制中的应用[D]. 浙江大学硕士学位论文，2004

[327] Zigmund Bluvband，ALD Ltd，Beit-Dagan. Pavel Grabov，Beit-Dagan. Oren Nakar，MOTOROLA Israel Ltd. ，Tel-Aviv. Expanded FMEA (EFMEA)[C]. IEEE RAMS，2004：31 - 36

[328] 王清. 基于 FMEA 和 FTA 的故障诊断技术及其在 DEH 系统中的应用[D]. 华北电力大学硕士学位论文，2004

[329] 邹谊，庄镇泉，杨俊安. 基于遗传算法的嵌入式系统软硬件划分算法[J]. 中国科学技术大学学报，2004，34(6)：724 - 731

[330] Jianwen Xiang，Kokichi Futasugi. Fault Tree and Formal Methods in System Safety Analysis[C]. IEEE Proceedings of the Fourth International Conference on Computer and Information Technology，2004

[331] 魏守智，赵海，王刚，张晓丹. 基于融合理论的网络在线智能故障诊断模型[J]. 东北大学学报，2004，25(3)：223 - 226

[332] 廖志辉. 基于模糊推理和 BP 神经网络的机械故障智能诊断系统的研发[D]. 重庆大学硕士学位论文，2004

[333] Nelly Delgado，Ann Quiroz Gates，Steve Roach. A Taxonomy and Catalog of Runtime Software-Fault Monitoring Tools[J]. IEEE Transactions On Software Engineering，2004，30(12)：859 - 872

[334] 古乐，史九林. 软件测试技术概论[M]. 北京：清华大学出版社，2004

[335] 张明军. 缓冲区溢出静态分析中的指针分析技术研究[D]. 国防科学技术大学研究生院硕士学位论文. 2004

[336] 宫云战. 一种面向故障的软件测试新方法[J]. 装甲兵工程学院学报. 2004，3：21 - 25

[337] 刘文伟. C/C＋＋程序分析中若干关键技术的研究[D]. 西安电子科技大学硕士学位论文，2004

[338] 刘海燕，杨洪路，王崛. C 源代码静态安全检查技术[J]. 计算机工程，2004，2：28 - 30

[339] Landi W，Ryder B G. A safe approximate algorithm for interprocedural pointer aliasing[J]. CM Special Interest Group for Programming Languages Notices，2004，39(4)：473 - 489

[340] 张广梅，陈蕊，李晓伟. 面向软件故障检测的数据流分析[J]. 计算机技术与应用进展. 2004，251 - 255

[341] 李平华. 过程间数据流分析技术研究[D]. 东南大学硕士学位论文. 2004

[342] 张志军. 面向对象软件回归测试策略研究. 湖南大学硕士学位论文，2004

[343] Mansour N，Salame，M. Data Generation for Path Testing. Software Quality Journal，2004，12(2)：121 - 136

[344] 王晓宇. 软件内建自测试驱动模块模型及测试程序的研究. 上海大学硕士学位论文，2004

[345] Andr'e Baresel, David Binkley and Bogdan Korel. Evolution Testing in the Presence of Loop-Assigned Flags: A Testability Transformation Approach. 2004, 108 - 118
[346] 郑同良. 军事星卫星通信系统综述[J]. 航天电子对抗, 2005, 21(3): 51 - 53
[347] Kob D, Chen R, Wotawa F. Abstract model refinement for model-based program debugging. Proceedings of the Sixteenth International Workshop on Principles of Diagnosis[C]. Pacific Grove: AAAI Press, 2005, 7 - 12
[348] 张广梅, 李晓维. 数据流相关软件故障的静态检测[J]. 计算机辅助设计与图形学学报, 2005, 17(11): 2477 - 2483
[349] Zhang X, He H, Gupta N, Gupta R. Experimental evaluation of using dynamic slices for fault location. Proceedings of the Sixth International Symposium on Automated Analysis-driven Debugging[C]. New York: ACM, 2005, 33 - 42
[350] Bing Huang, Xiaojun Li, Ming Li, Joseph Bernstein, Carol Smidts. Study of the impact of hardware fault on software reliability. Proceedings of the Sixteenth IEEE International Symposium on Software Reliability Engineering[C]. Washington: IEEE Computer Society, 2005, 63 - 72
[351] Steiner N, Athanas P. Hardware-software interaction: preliminary observations. Proceedings of the 19th IEEE international Parallel and Distributed Processing Symposium[C]. Washington: IEEE Computer Society, 2005, 149b - 149b
[352] Zhou Ji, Ji Z, Dasgupta D. Estimating the detector coverage in a negative selection algorithm. Proceedings of the 2005 conference on Genetic and Evolutionary Computation[C]. Washington: IEEE Press, 2005, 88 - 97
[353] 古天龙. 软件开发的形式化方法[M]. 北京: 高等教育出版社, 2005
[354] 杨纶标, 高英仪. 模糊数学原理及应用[M]. 广州: 华南理工大学出版社, 2005
[355] 乔梅. 基于粗糙集和数据库技术的知识发现与推理方法研究[D]. 天津大学硕士学位论文, 2005
[356] Zigmund Bluvband, Ph. D. , A. L. D. Ltd, Rafi Polak, M. Sc. , A. L. D. Ltd, Pavel Grabov, Ph. D. , A. L. D. Ltd. Bouncing Failure Analysis (BFA): The Unified FTA-FMEA Methodology[C]. IEEE RAMS, 2005: 463 - 467
[357] 吴超, 林家骏, 俞岭, 唐斯亮. 军用软件质量特性和设计属性的研究[R]. 2005, 31(12): 100 - 102
[358] 江荣汉, 江晓岳, 田英杰. 事件树与故障树相结合的系统可靠性分析法[J]. 湖南大学学报, 2005, 22(12): 103 - 108
[359] 宋小安. 模拟电路故障诊断的专家系统与 BP 神经网络法研究[D]. 河海大学硕士学位论文, 2005
[360] 朱学军, 陈宇. 基于 FTA 的智能型故障诊断方法研究[J]. 微计算机信息, 2005, 21(6): 123 - 125
[361] 张东斌. 基于 VC 的大型故障树分析软件研究[D]. 河北工业大学硕士学位论文, 2005

[362] Lars Grunske, Peter Lindsay, Nisansala Yatapanage, Kirsten Winter. An Automated Failure Mode and Effect Analysis Based on High-Level Design Specification withm Behavior Trees[C]. IFM 2005, LNCS 3771：129-149
[363] 唐立伟. 模糊逻辑思维在故障树分析法中的应用[J]. Vocational Education and Economic Research，2005，3(2)：57-61.
[364] 向东，刘海燕. C/C++静态代码安全检查工具研究[J]. 计算机工程与设计. 2005，8：2110-2112
[365] 王珊珊，赵荣彩. 数组数据流分析技术的研究[J]. 微计算机信息，2005，11(3)：182-183
[366] 汪小飞，赵克佳，田祖伟. 数据流分析的关键技术研究[J]. 计算机科学，2005，12：91-93
[367] 刘晓峰，吴亚娟，李明华，曾宪华. 编译系统中的数据流分析研究[J]. 科技广场. 2005，10：16-20
[368] 田晗. 软件测试数据自动生成的研究与实现[D]. 电子科技大学硕士学位论文. 2005
[369] 朱少民. 软件测试方法和技术[M]. 北京：清华大学出版社，2005
[370] 傅博. 基于模拟退火遗传算法的软件测试数据自动生成. 计算机工程与应用. 2005，12：82-84
[371] 朱伟，徐拾义. 软件控制流故障诊断的研究[J]. 哈尔滨工程大学学报，2006，27(6)：874-877
[372] Dehlinger J，Lutz R R. PLFaultCAT：a product-line software fault tree analysis tool[J]. Automated Software Engineering，2006，13(1)：169-193
[373] 郭壮辉，胡柯. 基于Petri网模型的典型技术及其应用[J]. 系统仿真技术，2006，2(2)：102-107
[374] 任伟建，于宗艳，韩连涛，王玉英. 基于生物免疫原理的抽油机井故障诊断研究[J]. 计算机测量与控制，2006，14(3)：287-288
[375] Shilong X. A Fault Diagnosis System Based on Data Fusion Algorithm[C]. Proceedings of the First International Conference on Innovative Computing, Information and Control，2006
[376] Ping M，Hailian D，Yuguang N，Feng L. Actuator Fault Diagnosis in Control System Based on Data Fusion[C]. Proceedings of the Sixth World Congress on Intelligent Control and Automation，2006，5791-5795
[377] 韩崇昭，朱洪艳，段战胜等. 多源信息融合[M]. 北京：清华大学出版社，2006
[378] 谢平. 故障诊断中信息熵特征提取及融合方法研究[D]. 燕山大学博士学位论文，2006
[379] Wang B C，Li D H，Sun X F，Wu W Y. The Studies of Single-phase Inverter Fault Diagnosis based on D-S Evidential Theory and Fuzzy Logical Theory[C]，Power Electronics Motion Control Conference，2006
[380] 马凌. 基于粗糙集的多知识库信息[D]. 长沙：中南大学硕士学位论文，2006

[381] 梁建宏. 故障模式及影响分析(FMEA)在设备维修管理中的应用[J]. 石油化工安全技术，2006，22(6)：42－44

[382] 李增辉. FMEA 及 FTA 在汽车产品开发中的应用研究[D]. 合肥工业大学硕士学位论文，2006.

[383] 李晖，姚放吾，邓新颖，王建新. 基于免疫算法的嵌入式系统软硬件划分方法[J]. 计算机工程与设计，2006，27(22)：4239－4242

[384] 邢冀鹏，邹雪城，刘政林，陈毅成. 一种基于改进模拟退火算法的软硬件划分技术[J]. 微电子学与计算机，2006. 32(5)：31－378

[385] 朱智林，韩俊刚，陈平. 基于路径的软硬件划分算法[J]. 计算机科学，2006，33(1)：164－166

[386] 关启学，潘成胜，刘勇. 基于节约覆盖集理论的通信设备故障诊断模型[J]. 沈阳理工大学学报，2006，25(3)：34－37

[387] 陈光宇，黄锡滋，唐小我. 故障树模块化分析系统可靠性[J]. 电子科技大学学报，2006，35(6)：889－992

[388] 费胜巍，孙宇. 基于"结构 FMEA"的故障树自动构建方法研究[J]. 润滑与密封，2006，12：197－203

[389] 刘伯鸿. 计算机联锁控制系统故障模式影响分析[J]. 铁道技术监督，2006，35(2)：18－20

[390] 刘勇，蒲树祯，曹泽翰，周明天. 基于故障图模型的故障诊断方法研究[J]. 小型微型计算机系统，2006，27(9)：1741－1745

[391] 赵庆兰. 进化测试中的静态分析技术研究[D]. 西北工业大学硕士学位论文. 2006

[392] 张广梅. 软件测试与可靠性评估[D]. 中国科学院研究生院博士学位论文. 2006

[393] 张威，卢庆龄，李梅，宫云战. 基于指针分析的内存泄露故障测试方法研究[J]. 计算机应用研究. 2006，10：22－24

[394] 戴佳，戴卫恒. 51 单片机 C 语言应用程序设计实例精讲[M]. 北京：电子工业出版社，2006

[395] 栾绍楠. C/C＋＋程序中指针有效性的静态检测[D]. 西安：西安电子科技大学硕士学位论文. 2006

[396] 王小平，曹立明. 遗传算法——理论、应用与软件实现. 西安：西安交通大学出版社，2006

[397] 宫云战. 软件测试. 北京：国防工业大学出版社，2006

[398] 于家新. 基于自适应遗传模拟退火算法的测试数据的自动生成. 哈尔滨工业大学硕士学位论文，2006

[399] 刘秋红. 自适应遗传算法在 UTP 问题中的应用研究. 华北电力大学硕士学位论文，2006

[400] 程 烨. 遗传算法在路径覆盖测试数据生成中的研究与应用. 上海师范大学硕士学位论文. 2006

[401] 乐鑫喜. 基于退火遗传算法的测试用例自动生成. 武汉理工大学硕士学位论文. 2006

[402] 秦广军. 遗传算法的改进研究与应用. 郑州大学硕士学位论文. 2006

[403] Zoeteweij P, Abreu R, Van Gemund A J C. Diagnosis of embedded software using program spectra. Proceedings of the fourteenth Annual IEEE International Conference and Workshops on the Engineering of Computer-Based Systems [C]. Washington: IEEE Computer Society, 2007, 213 - 220

[404] 杨学军，高珑. 错误流模型：硬件故障的软件传播建模与分析[J]. 软件学报，2007，18(4)：808? 820

[405] Amaral J L M. , Amaral J F M, Tanscheit R. An immune fault detection system for analog circuits with automatic detector generation. Proceedings of the Seventh International Conference on Intelligent Systems Design and Applications [C]. Washington: IEEE Computer Society, 2007, 283 - 288

[406] Zhou Ji, Dasgupta D. Revisiting negative selection algorithms[J]. Evolutionary Computer, 2007, 15(2): 223 - 251

[407] 刘惟一，李维华，岳昆. 智能数据分析[M]. 北京：科学出版社，2007

[408] 蔡方凯. 单片机原理及基于单片机的嵌入式系统设计[M]. 北京：中国水利水电出版社，2007.

[409] 刘海亮. 基于多目标遗传算法的软硬件划分算法[D]. 西安电子科技大学硕士学位论文，2007.

[410] 曹云，边计年，吴强. 改进多路软硬件划分算法的筛选法[J]. 微电子学与计算机，2007，24(1)：1 - 4.

[411] Ranjani Sridharan, Rabi Mahapatra. Analysis of RealTime Embedded Applications in the Presence of a Stochastic Fault Model[C]. IEEE 20th International Conference on VLSI Design, 2007.

[412] 郭伟伟. 基于故障树技术的远程故障诊断专家系统的研究[D]. 西北工业大学硕士学位论文，2007.

[413] 施珍珍. 基于数据流的指针别名分析[J]. 电子科技，2007，04：56 - 58

[414] Yi Z X, Mu X D, Zhang L, Zhang X M. Interactive software and hardware faults diagnosis based on negative selection algorithm. Proceedings of IEEE International Conference on Networking, Sensing and Control[C]. Piscataway: IEEE Computer Society, 2008, 433 - 437

[415] Zoeteweij P, Abreu R, Van Gemund A J C. An evaluation of similarity coefficients for software fault localization. Proceedings of the 2008 ACM symposium on Applied computing[C]. New York: ACM, 2008, 712 - 717

[416] Zhao P, Mu X D, Yi Z X. Fault Diagnosis Technology of Software-Intensive Equipment Based on Information Fusion [C]. Proceedings of Second International Symposium on Intelligent Information Technology Application, 2008, 427 - 431

[417] 田竞. 基于最小二乘支持向量机的电力变压器故障诊断[J]. 电子设备与分析监测，2008，1：65 - 67

[418] 李弼程，邵美珍，黄洁. 模式识别原理与应用[M]. 西安：西安电子科技大学出版

社，2008

[419] Zhao P，Mu X D，Yi Z X，Yin Z R. Software-Intensive Equipment Fault Diagnosis Research Based on D－S Evidential Theory[C]. Proceedings of Second International Workshop on Knowledge Discovery and Data Mining，2009，523－526

[420] Zhao P，Mu X D，Yin Z R，Yi Z X. Fault Diagnosis of Parts of Electronic Embedded System Based on Fuzzy Fusion Approach[C]. The First International Workshop on Education Technology and Computer Science，2009，876－879

[421] 国外质量和可靠性信息网. F/A－22 航空电子软件的可靠性[EB/OL]. http：//www. cetin. net. cn/storage/cetin2/ QRMS /ztzszl51. htm

[422] 国外质量和可靠性信息网. 软件保障综合研究[EB/OL]. http：//www. cetin. net. cn/storage/cetin2/QRMS/ztzsrjbz6. htm

[423] 国家标准局. GB/T 3187－94，可靠性、维修性术语[S]

[424] Jin-Cheng Lin，Pu-Lin Yeh. Using Genetic Algorithms for Test Case Generation in Path Testing. IEEE：241－246

[425] Roper M，Maclean L，Brooks. Genetic Algorithms and the Automatic Generation of Test Data. http：//citeseer. ist. psu. edu/135258. html

[426] Susan Khor and Peter Grogono. Using a Genetic Algorithm and Formal Concept Analysis to Generate Branch Coverage Test Data Automatically. Proceeding of the 19th International Conference on Automated Software Engineering（ASE'04）IEEE.

[427] Mattias Lindahl. E-FMEA-A new Promising Tool for Efficient Design for Environment[D]. Dept of Technology Kalmar University.

[428] Eric Y. K. Chan，Y. T. Yu. Evaluating Several Path-Partial Dynamic Analysis Methods for Selecting Black-Box Generated Test Cases. Quality Software，Fourth International Conference on（QSIC'04）：70－78

[429] 国际航天动态与研究. 载人航天[EB/OL]. http：//www. space. cetin. net. cn/docs/htdt99/htdt0304. htm

[430] Zoeteweij P，Abreu R，Van Gemund A J C. Software fault diagnosis[EB/OL]. http：//www. st. ewi. tudelft. nl/～peterz/papers/tutorial_paper. pdf

[431] European Cooperation for Space Standardization. ECSS-Q-80B，Space Product Assurance-Software Product Assurance[S]